LIAONINGSHENG
JINGJIDONG

辽宁省
水生经济动植物
图鉴

辽宁省海洋与渔业厅 编

SHUISHENG
ZHIWUTUJIAN

辽宁科学技术出版社
沈 阳

图书在版编目（CIP）数据

辽宁省水生经济动植物图鉴 / 辽宁省海洋与渔业厅编. —沈阳：辽宁科学技术出版社，2011.1

ISBN 978-7-5381-6798-6

Ⅰ. ①辽… Ⅱ. ①辽… Ⅲ. ①水生动物：经济动物—辽宁省—图集 ②水生植物—辽宁省—图集 Ⅳ. ①Q958.8-64 ②Q948.8-64

中国版本图书馆CIP数据核字（2010）第249040号

出版发行：辽宁科学技术出版社
（地址：沈阳市和平区十一纬路29号 邮编：110003）
印 刷 者：沈阳新华印刷厂
经 销 者：各地新华书店
幅面尺寸：210mm×285mm
印 张：14.25
插 页：4
字 数：300千字
印 数：1～2000
出版时间：2011年1月第1版
印刷时间：2011年1月第1次印刷
责任编辑：李伟民
特邀编辑：马笑然
封面设计：嵘 嵘
责任校对：刘 庶

书 号：ISBN 978-7-5381-6798-6
定 价：160.00元

联系电话：024-23284360
邮购热线：024-23284502
http://www.lnkj.com.cn

前　言

　　辽宁省濒临黄、渤两海，海岸线全长2920公里，拥有辽河、鸭绿江、大凌河等丰富的淡水资源，独特的地理位置和宽广的水域面积，孕育出丰富的水生动植物。多年来，广大水产工作者对这些水生生物资源做了大量深入的研究和开发，但目前尚缺少全面系统报道，图片类文献更为缺乏。随着辽宁水产增养殖业的快速发展，国内外水产贸易和交流活动的不断增加，许多从事这方面工作的人员迫切需要了解相关的知识，急需有一部既有科学性，又有普及性的图鉴式文献。鉴于这种情况，辽宁省海洋与渔业厅专门立项，组织大连海洋大学、辽宁省海洋水产科学研究院、辽宁省淡水水产科学研究院等单位相关领域的专家和学者编撰了这部图鉴。本书共收集产于辽宁省的常见和重要水生经济动植物203种，其中圆口类2种，鱼类118种，贝类45种，甲壳类14种，大型海藻类8种，头足类6种，棘皮类4种，腔肠类2种，两栖类1种、爬行类1种，螠虫类1种，多毛类1种。该图鉴全部采用实物拍照，并配有中文正式名称、学名、俗名、英文名、日文名、分类地位、形态特征、生态习性、地理分布、经济价值等文字描述。图鉴既反映出其系统的科学描述，又较为浅显易懂，便于使用。图鉴的出版为广大渔业生产、教育、研究、管理、商贸等部门和人员提供了一部全面了解辽宁省水生经济动植物资源较为直观、准确的参考资料。全书由大连海洋大学姜志强统稿，常亚青审稿。

编者

2010年12月

目 录

贝 类

甲壳类

头足类

辽宁省水生经济动植物图鉴

鱼 类

东北七鳃鳗 *Lampetra morii* Berg

俗　　名：森氏八目鳗、七星子、七星鳝

英 文 名：Mori's lamprey

日 文 名：チョウセンヤツメ

分类地位：圆口纲、七鳃鳗目、七鳃鳗科、七鳃鳗属

形态特征：体鳗形，头略圆，尾部侧扁。鼻孔单个，位于头背面两眼前方。口下位，为漏斗状吸盘。上唇齿较大，排列无次序；下唇齿小，1行，排列成半弧形。上唇板齿2枚，三角形；下唇板齿6～9枚，锯齿状，弧形排列。有外侧唇齿，齿尖向内弯曲。内侧唇齿每侧3枚，双齿尖，中齿最大。前舌齿5～19枚，中间和两端的齿较大，呈"山"字形。体表裸露无鳞。鳍皮膜状，无鳍条，无偶鳍。两背鳍不相连，第二背鳍较低矮，上缘略呈波浪状。臀鳍低矮，与尾鳍和第二背鳍相连。体背部灰绿色，腹部灰黄色。

生态习性：喜栖于有缓流、沙质底质的山区河溪里。幼鱼以有机碎屑、藻类、小型浮游动物为食，成鱼一般营寄生生活，用口吸盘吸附在其他鱼体上，食其血肉。4年性成熟，产卵期6—7月，产卵后亲体大多死亡。

地理分布：东北地区特有鱼类。分布于鸭绿江、太子河、浑河、碧流河。

经济价值：为古老无颌脊椎动物，在科研和教学上具有重要意义。辽宁已将其列入保护动物。

雷氏七鳃鳗 *Lampetra reissneri* （Dybowski）

俗　　名：瑞氏七鳃鳗、溪七鳃鳗、七星子

英 文 名：Reissner lamprey

日 文 名：スナヤツメ

分类地位：圆口纲、七鳃鳗目、七鳃鳗科、七鳃鳗属

形态特征：体圆柱形，尾部略侧扁。头圆。眼上位。鼻孔1个，位于头背面两眼前方。口下位，为漏斗状吸盘。口吸盘周围有围缘齿和光滑穗状乳突，口吸盘内分布唇齿。上唇板齿2枚，下唇板齿6~7枚，两端齿较大，顶端分两齿尖。内侧唇齿每侧3枚，齿端有2尖。前舌齿梳状，中间和两端齿大，呈"山"字形。体表裸露无鳞。沿眼后的头两侧各有7个鳃孔。无偶鳍。背鳍2个，底部相连，两背鳍间有缺刻；第二背鳍较高，呈弧形。背鳍、臀鳍和尾鳍相连，尾鳍末端呈箭形。背部暗褐色，腹部灰白色。

生态习性：喜栖于有缓流、沙质底质的溪流中。幼体以沙石上的植物碎屑和附着藻类为食；成体以浮游植物为食，也营寄生生活，用吸盘吸附在其他鱼体上吮吸其血肉。全长160mm以上达性成熟。产卵期5月末至7月。产卵后部分亲体死亡。

地理分布：东北地区特有鱼类。鸭绿江、辽河水系、黑龙江水系均有分布。

经济价值：小型鱼类，食用价值不大，但作为古老无颌脊椎动物，在动物进化和动物地理学方面有极高研究价值。

皱唇鲨 *Triakis scyllium* Müller *et* Henle

俗　　名：九道箍

英 文 名：Banded gummy shark

日 文 名：ドチザメ

分类地位：真鲨目、皱唇鲨科、皱唇鲨属

形态特征：体延长，前部较粗大，尾部细长，头宽扁。吻中等长。眼较小，椭圆形。喷水孔小，位于眼后。鼻孔宽大，距口端较距吻端为近。口较宽。齿细小而多，排列紧密。身体每侧鳃孔5个，中等大。体被细小楯鳞。背鳍2个，第一背鳍较大，起点位于胸鳍后缘的上方，距腹鳍较距胸鳍较近；第二背鳍与第一背鳍同形但稍小，起点前于臀鳍基起点。臀鳍比第二背鳍稍小，起点位于第二背鳍基稍后下方。体背、侧部灰褐色，具暗褐色横纹13条和许多大小不一的黑色斑点。腹部浅灰白色。各鳍均为淡灰褐色。

生态习性：近海底层小型鲨鱼。性温和，摄食小型鱼类、甲壳类及底栖动物。卵胎生，每胎可产20～30尾。

地理分布：分布于我国各沿海。国外见于朝鲜、日本。

经济价值：常见小型鲨类，可食用。

白斑星鲨 *Mustelus manazo* Bleeker

俗　　名：白点鲨、星鲨

英 文 名：Whitespotted smoothhound

日 文 名：ホシザメ

分类地位：真鲨目、皱唇鲨科、星鲨属

形态特征：体延长，前端略粗，向后渐细。头平扁，中等大。吻中等长。眼椭圆形。鼻孔较宽大。口中等大，呈三角形。齿细小而多，铺石状排列。喷水孔小，位于眼后。身体每侧鳃孔5个。背鳍2个，第一背鳍起点与胸鳍里角相对，第二背鳍与第一背鳍同形，起点前于臀鳍起点。臀鳍小，起点约与第二背鳍基底1/3处相对。体背面和侧面银灰色稍带褐色，侧线以上散布着许多不规则的白色斑点。腹鳍白色，其余各鳍褐色，边缘色较浅。

生态习性：近海底层较常见的小型鲨鱼。性温和，摄食甲壳类、软体动物等。卵胎生，每胎产6～10尾。

地理分布：分布于我国各沿海。国外见于朝鲜、日本。

经济价值：常见小型鲨类，可食用。

路氏双髻鲨 *Sphyrna lewini*（Griffith）

俗　　名：相公帽、官鲨

英 文 名：Scalloped hammerhead

日 文 名：アカシュモクザメ

分类地位：真鲨目、双髻鲨科、双髻鲨属

形态特征：体延长，稍侧扁，呈亚圆筒形。尾侧偏，中等长，尾基上方具一凹洼。头平扁，向外两侧扩展。吻很短而宽，前缘广弧形，正中圆凸。眼圆形位于头侧突出的侧面前部，瞬膜发达。鼻孔平扁，位于吻端。口弧形。上颌齿侧扁，三角形，下颌齿与上颌齿相似但较狭小。喷水孔消失。身体每侧鳃孔5个。背鳍2个，第一背鳍高大，第二背鳍较小。臀鳍比第二背鳍稍大。胸鳍中等大。腹鳍比臀鳍稍大，近方形。尾鳍宽大，约等于全长的1/7。体灰褐色，幼鱼背部青灰色，腹部浅白色。背鳍、尾鳍、胸鳍边缘和鳍端暗褐色。臀鳍、腹鳍浅色，外角暗褐色。

生态习性：为温暖性上层鱼类。性凶猛，以鱼类为食，有时也伤害人。体长可达3m余，体重可达100kg以上。

地理分布：分布于我国黄海、渤海、东海。国外见于太平洋、印度洋、大西洋。

经济价值：肉可食用。

许氏犁头鳐 *Rhinobatos schlegeli* Müller *et* Henle

俗　　名：犁头鳐、老板鱼、犁头

英 文 名：Brown guitarfish

日 文 名：サカタザメ

分类地位：鳐形目、犁头鳐科、犁头鳐属

形态特征：体平扁，体盘不很宽，长度大于宽度。吻长而钝尖。眼大，略突出。鼻孔中等大，距口较近。口前位，平横。齿细小，铺石状排列。喷水孔大，靠近眼后，呈椭圆形。身体每侧鳃孔5个，较小，位于腹面。体具细小楯鳞，沿背中线及眼眶上具不显著结刺。背鳍2个，形状大小几乎相同。胸鳍较窄。腹鳍狭长，几乎与胸鳍相连。尾鳍短宽，上叶稍长，下叶不突出，无缺刻。背部褐色，吻部和腹部色浅，吻部腹面具一黑色斑块。

生态习性：较大型鳐类，栖息于近海海底，行动迟缓。性温和，摄食小型鱼类、甲壳类及贝类等。

地理分布：分布于我国各沿海。国外见于朝鲜、日本。

经济价值：肉可食用。

中国团扇鳐 *Platyrhina sinensis* (Bloch *et* Schneider)

俗　　名：团扇鳐

英 文 名：Chinese fanray

日 文 名：ウチワザメ

分类地位：鳐形目、团扇鳐科、团扇鳐属

形态特征：体盘平扁，呈亚圆形，团扇状。吻短。眼小。鼻孔宽大。口横裂状。齿细小而多，排列成铺石状。身体每侧鳃孔5个。体背部具刺状鳞片。沿背中线到第一背鳍前有1行结刺，19～20个；从背中线第三结刺起，两侧各有4个结刺，排列成正方形；背鳍间有1或2个结刺；眼前缘和喷水孔的内侧各有2个结刺。背鳍2个，位于尾的后半部，大小、形状相似。胸鳍略宽。腹鳍里缘圆钝。尾鳍狭长，上下叶几同大，末端呈圆形。体背灰褐色，结刺基底为橙黄色，腹部淡白色，边缘浅黄色。

生态习性：较大型鳐类，栖息于近海海底，行动迟缓。性温和，摄食小型鱼类、甲壳类及贝类等。卵胎生。为黄海、渤海常见鱼类，但产量不多。

地理分布：分布于我国各沿海。国外见于朝鲜西南部、日本本州南部。

经济价值：可食用。

美鳐 *Raja pulchra* Liu

俗　　名：劳子鱼、老板鱼

英 文 名：Mottled skate

日 文 名：メガネカスベ

分类地位：鳐形目、鳐科、鳐属

形态特征：体扁平，体盘较薄，头较长而尖。眼小，稍突出。眼间隔窄，中间微凹。鼻孔宽大。口中大，平横。齿粒状，铺石状排列。喷水孔椭圆形。身体每侧鳃孔5个。体无鳞。背部具小刺或结刺，尾上粗大结刺1纵行，两背鳍之间结刺1~2个，喷水孔后小刺一群。背鳍2个，大小和形状几乎相同；第二背鳍几与尾鳍上叶相连。胸鳍向前延伸到吻侧中部。腹鳍前部突出呈足趾状。尾鳍下叶消失。背部黑褐色，肩区后方对着胸鳍外角区域具一淡色椭圆形斑块。腹部灰褐色，并具有不规则的淡白色斑纹。

生态习性：为近海底栖鱼类。以底栖动物为食，卵生。

地理分布：分布于辽宁沿海及我国东海海域。国外见于日本、鄂霍茨克海。

经济价值：可鲜食，亦可加工成腌干品。

孔鳐 *Raja porosa* Günther

俗　　名：老板、劳子

英 文 名：Common skate

日 文 名：コモンカスベ

分类地位：鳐形目、鳐科、鳐属

形态特征：体盘平扁而薄，呈亚圆形。吻中长，前端尖突。眼较小。鼻孔很大。口中大，平横，上颌中部凹入，下颌中部突出。齿细小而多，铺石状排列；雌体齿平扁，雄体齿细长。喷水孔椭圆形，位于眼后。身体每侧鳃孔5个，狭小。体光滑无鳞。背部具小刺或结刺，雄性个体尾上具结刺3纵行，雌性个体尾上具结刺5纵行，两背鳍之间结刺1~2个。背鳍2个，大小和形状几乎相同。胸鳍向前延伸到吻侧中部。腹鳍前部突出呈足趾状。尾鳍很小，下叶消失。背部褐色，肩区、胸鳍常具一暗色、淡色或暗绿淡心椭圆形斑块。腹部淡白色。吻腹部与鳃孔间有许多黑色黏液群。

生态习性：为近海底栖鱼类。以底栖动物为食，卵生。

地理分布：分布于辽宁沿海及我国东海海域。国外见于朝鲜、日本。

经济价值：可鲜食，亦可加工成腌干品。

施氏鲟 *Acipenser schrenckii* Brandt

俗　　名：黑龙江鲟、史氏鲟、七粒浮子

英 文 名：Amur sturgeon

日 文 名：アムールチョウザメ

分类地位：鲟形目、鲟科、鲟属

形态特征：体延长，梭形。头呈楔形，背面粗糙。吻较短，前端尖细。口下位，横裂状，口唇呈莲花形，口能伸出呈管状。吻腹面具须2对。吻下面须的基部有7粒疣状突起，故名七粒浮子。眼小，鼻孔、鳃孔均大。左右鳃膜不相连，但与峡部相连。背鳍后位。尾鳍歪斜，上叶特别发达。体具5列骨板，每个骨板上均有锐利的棘。体无鳞。鳃耙排列紧密，呈薄片状，鳃耙数31~48。鳔大，1室。背鳍鳍条数35~54；臀鳍鳍条数19~33。背骨板15~19，侧骨板左36~42、右36~40；腹骨板左右各9。体背及体侧青灰色或黑褐色，腹部白色；鳍青灰色，边缘白色。

生态习性：河道定居的大型鱼类，喜栖于沙砾底质的河道里。动物食性，幼鱼以昆虫幼虫和底栖动物为食，成鱼摄食昆虫幼虫、底栖动物及小型鱼类。经人工驯养的施氏鲟可食人工配合饲料。9~10龄性成熟。

地理分布：分布于黑龙江水系，20世纪90年代引入辽宁。

经济价值：大型名贵经济鱼类，最大个体可达200kg以上。肉可食用，卵可制成鱼子酱。

西伯利亚鲟 *Acipenser baeri* Brandt

英 文 名：Siberian sturgeon

日 文 名：シベリアチョウザメ

分类地位：鲟形目、鲟科、鲟属

形态特征：体呈长纺锤形，向尾部延伸变细。口前吻须4根，圆柱形。具喷水孔。口裂小，裂长不超过头侧。鳃盖膜不相连。体被5列骨板，吻背具骨板。在骨板与骨板行间分布着许多小骨板和微小的颗粒。背骨板10~20；侧骨板32~62，一般多为42~47；腹骨板7~16。背鳍鳍条数为30~56；臀鳍鳍条数为17~33。

生态习性：广温性鱼类，适宜生长水温为15~25℃。主要以底栖动物、甲壳类和小鱼等为食。人工养殖可食人工配合饲料。一般野生鱼10~12龄开始性成熟。温水条件下，性成熟提早，雄鱼3~4龄，雌鱼6~7龄。

地理分布：分布于从西部的鄂毕河至东部的科雷马河之间的西伯利亚各河流中。21世纪初引入辽宁。

经济价值：大型名贵食用经济鱼类。肉可食用，卵可制成鱼子酱。

太平洋鲱 *Clupea pallasi* Cuvier *et* Valenciennes

俗 名：青鱼

英 文 名：Pacific herring

日 文 名：ニシン

分类地位：鲱形目、鲱科、鲱属

形态特征：体长而侧扁，背腹两侧边缘均呈广弧形。头稍侧扁。吻长大于眼径。眼侧上位，大部分被脂眼睑覆盖。鼻孔每侧2个，前鼻孔圆形，后鼻孔裂缝状。口小，前位。齿细小，下颌、犁骨和舌上均有细齿。鳃孔大。鳃盖骨薄而光滑。鳃耙密而硬。具假鳃。体被薄圆鳞，易脱落。腹缘具弱棱鳞26～27+11～12。腹鳍基部有腋鳞。无侧线。背鳍1个，始于腹鳍起点的前上方，居吻端和尾鳍基之间。臀鳍始于背鳍后下方。胸鳍侧下位，末端不达腹鳍。腹鳍较小，腹位，不达臀鳍起点。尾鳍深叉形。体背部青绿色，侧上方微绿，侧下方及腹部银白色。

生态习性：冷温性中上层经济鱼类，有洄游和结群习性。产卵期3—4月，怀卵量3万～10万粒。卵黏性，黏附在海藻及其他附着物上。产卵后亲鱼分散游向外海，夏季主要分布在黄海中北部水深60～80m海域索饵育肥。11月南下进入黄海中部深水区越冬。主要摄食浮游动物。

地理分布：黄海太平洋鲱是一个独立的地方种群，故有黄海鲱之称。

经济价值：常见小型经济鱼类。脂肪含量高，味道好，但刺较多。

斑鰶 *Clupanodon punctatus* （Temminck *et* Schlegel）

俗　　名：棱鲫、海鲫鱼

英 文 名：Dotted gizzard shad

日 文 名：コノシロ

分类地位：鲱形目、鲱科、鰶属

形态特征：体呈梭形，侧扁，腹缘有较强硬锯齿状棱鳞。头小而侧扁。吻短，与眼径约相等。眼中等大，脂眼睑覆盖部分眼球。口小，前位。鳃孔大。鳃盖骨光滑。鳃耙细密且长。假鳃发达。体被圆鳞。腹缘棱鳞19+15～16。胸鳍和腹鳍基部有腋鳞。无侧线。背鳍起点距吻端近，距尾鳍基远，最末鳍条延长为丝状。胸鳍位置较低，末端不达腹鳍基。腹鳍小于胸鳍。尾鳍深叉形。体背和上侧青绿色，上有9～10行黑色的虚线条，下侧银白色。鳃盖后上方有一明显黑斑。胸鳍和臀鳍淡黄色，腹鳍白色，背鳍和尾鳍后缘黑色。

生态习性：分布很广的暖水性浅海鱼类。一般栖息水深5～15m。适盐范围较广，可进入淡水生活，越冬场位于黄海中部。3—4月洄游北上，在黄海北部和渤海湾生殖期为4—6月。1～2龄成熟（雄鱼早于雌鱼）。分批多次产卵。10月开始南下越冬。主要摄食浮游动物。

地理分布：分布于我国各沿海。国外见于朝鲜、日本、印度。

经济价值：常见小型经济鱼类。脂肪含量高，味道好，但刺较多。

鳓 *Ilisha elongata*（Bennett）

俗　　名：鲙鱼、白鳞鱼、火鳞鱼

英 文 名：Slender shad

日 文 名：ヒラ

分类地位：鲱形目、鲱科、鳓属

形态特征：体延长，侧扁而高，背缘显著厚于腹缘；腹缘狭窄，有强锯齿状棱鳞。吻不突出。眼大，侧上位，脂眼睑发达。鼻孔每侧2个，前孔圆形，后孔裂缝状。口小，上位，口裂短。上下颌、腭骨和舌上均有细齿。舌游离，鳃孔宽大。鳃盖骨薄而光滑。鳃耙较粗且坚硬。具假鳃。肛门位于臀鳍起点前。体被薄圆鳞，腹缘在肛门前有强棱鳞。胸鳍和腹鳍基部有腋鳞。无侧线。背鳍1个，位于腹鳍后上方，起点位于吻端和尾鳍基底之间。臀鳍始于背鳍起点的后下方。胸鳍侧下位，末端伸至腹鳍基部。腹鳍特小，位于背鳍起点前下方。尾鳍深叉形。背部淡黄色或浅绿色，体侧和腹部银白色。背鳍、胸鳍和尾鳍灰黄色，臀鳍和腹鳍白色。

生态习性：暖水性中上层鱼类。每年5—6月在辽宁沿海河口附近、盐度较低、水较浅的浑水中生殖。2龄性成熟。怀卵量一般4万～10万粒。主要食物为头足类、虾类和小型鱼类等。有集群习性。

地理分布：分布于辽宁黄海北部、辽东湾及我国其他海区。国外见于朝鲜、日本、俄罗斯、东南亚、印度。

经济价值：常见小型经济鱼类。肉味鲜美，但刺较多。

凤鲚 *Coilia mystus*（Linnaeus）

俗　　名：凤尾鱼

英文名：Tapertail anchovy

日文名：エツ

分类地位：鲱形目、鳀科、鲚属

形态特征：体延长，侧扁，前部高，向后渐低，呈尖刀状，尾部细长。头稍小而尖，侧扁。吻突出，吻长略大于眼径。鼻孔位于眼前缘上方，每侧2个，相近，前孔小，后孔大。口大，下位，口裂上斜。上颌长于下颌。齿细小，上下颌、犁骨及腭骨均具齿。鳃孔宽大。鳃耙镰刀状。体被薄圆鳞，易脱落，腹缘具棱鳞。无侧线。背鳍距吻端较距尾鳍基底为近。臀鳍基底很长，末端与尾鳍相连。胸鳍侧低位，上方有6根丝状游离鳍条，末端达到或超过臀鳍起点。腹鳍短小。尾鳍上下叶不对称，上叶长约为下叶长的2倍。体背部灰黄色，两侧银白色。背鳍、臀鳍和尾鳍浅灰色，胸鳍和腹鳍白色。臀鳍分支鳍条78～84；纵裂鳞62～63。

生态习性：常生活在江河口浅海水域，辽河口水域是凤鲚的主要产地之一。春、夏季有溯河习性，6—7月在咸、淡水区产卵，产卵后返回海中。食物以甲壳类为主。

地理分布：分布于我国渤海、黄海、东海。国外见于北太平洋西部。

经济价值：系珍贵经济鱼类，凤尾鱼罐头名闻国内外。肉味鲜美，营养丰富。

刀鲚 *Coilia ectenes* Jordan *et* Seale

俗　　名：刀鱼、凤尾鱼

英 文 名：Estuarine tapertail anchovy

日 文 名：チョウセンエツ

分类地位：鲱形目、鳀科、鲚属

形态特征：体延长，侧扁，前部高，向后渐低，呈尖刀状；自峡部至肛门前，有锯齿状棱鳞。头稍小而尖，侧扁，吻突出。眼中等大。鼻孔位于眼前缘上方，每侧2个，相邻。口大，下位，口裂上斜，上颌长于下颌。齿细小，上下颌、犁骨和腭骨均具齿。鳃孔宽大。体被薄圆鳞，易脱落。无侧线。背鳍位于体前部，距吻端较距尾鳍基底为近。臀鳍基底很长，与尾鳍相连。胸鳍侧低位，上方有丝状游离鳍条6根，末端超过臀鳍起点。腹鳍短小。尾鳍上下叶不对称，上叶长于下叶1.5倍左右。体背部青灰色，两侧银白色。背鳍下半部和尾鳍灰色，其余鳍白色。臀鳍分支鳍条90～108；纵裂鳞70～76。

生态习性：近岸溯河性小型鱼类。一般在江河口附近的低盐浅海水域生活，繁殖时溯河产卵。产卵期4—7月，盛期在5月。1龄鱼性成熟。食物广泛，在江河中以淡水桡足类和枝角类为主，入海后以小型鱼虾类为主。

地理分布：分布于我国渤海、黄海、东海及黄河、长江。国外见于朝鲜、日本。

经济价值：肉味鲜美，营养丰富，是名贵经济鱼类。

鳀 *Engraulis japonicus* Temminck *et* Schlegel

俗　　名：鲅鱼食、离水烂、青天烂（成鱼）、海蜓（幼鱼）

英 文 名：Japanese anchovy

日 文 名：カタクチイワシ

分类地位：鲱形目、鳀科、鳀属

形态特征：体长而稍侧扁，背缘和腹缘较平直。头较长，侧扁。吻突出，圆锥形。眼大，侧前位，眼上覆有薄的脂眼睑。鼻孔小，位于吻端与眼前缘之间的上方。口大，下位。上颌长于下颌，上下颌及舌上均有排列不规则的细齿。鳃孔宽大。鳃耙细长而密。具假鳃。体被薄圆鳞，极易脱落。腹缘无棱鳞。胸鳍和腹鳍基部有腋鳞。无侧线。背鳍1个，始于腹鳍起点的后上方。臀鳍始于背鳍的后下方。胸鳍侧下位。腹鳍腹位，较小。尾鳍深叉形。体背部青灰色，侧上方浅绿色，侧下方及腹缘银白色。

生态习性：小型中上层鱼类。黄海、渤海区的鳀，3—4月由黄海南部越冬场北上进行生殖洄游，5月中下旬开始产卵，6月为盛期。8月末至9月初幼鱼体长达60mm左右，有向近岸洄游的习性。11月末至12月初成鱼和幼鱼陆续游离黄海北部和渤海，南下越冬。1龄鱼可性成熟。成鱼和幼鱼均食浮游生物，成鱼以浮游甲壳类为主。

地理分布：分布于辽宁黄海北部、辽东湾及我国渤海、黄海、东海。国外见于北太平洋西部。

经济价值：沿海常见小型经济鱼类，幼鱼可加工成鱼干。

黄鲫 *Setipinna taty*（Cuvier *et* Valenciennes）

俗　　名：毛扣、油扣、黄尖子

英 文 名：Half-fin anchovy

日 文 名：ツマリエツ

分类地位：鲱形目、鳀科、黄鲫属

形态特征：体延长，侧扁，腹缘窄。尾柄长略小于尾柄高。头侧扁，稍小。吻短，吻长小于眼径。鼻孔每侧2个，前孔圆形，后孔椭圆形。口大，下位，口裂下斜，上颌稍长于下颌。上下颌、犁骨、腭骨和舌上均有细齿。鳃孔较大。鳃耙镰刀状。肛门位于背鳍起点下方。体被圆鳞，易脱落。自峡部至肛门前有较强利的棱鳞，腹缘棱鳞19～21+8～9。背鳍前有1短棘。胸鳍与腹鳍基有腋鳞。无侧线。背鳍起点与臀鳍起点相对。臀鳍基底较长，约占体长一半。胸鳍第一鳍条延长呈丝状，末端超过肛门。腹鳍小，位于背鳍的前下方、胸鳍基与臀鳍基之间。尾鳍叉形。体背部灰黄色，体侧银白色，吻端橘黄色。背鳍和尾鳍浅灰色，末端黑色，其余各鳍白色。

生态习性：暖水性近海中下层小型鱼类。每年4—6月游向黄海和渤海繁殖。11—12月南下越冬。主要食物为虾类和桡足类。

地理分布：分布于辽宁黄海北部、辽东湾及我国其他海区。国外见于印度洋、太平洋西部。

经济价值：沿海常见小型经济鱼类，但肉薄、刺多。

虹鳟 *Oncorhynchus mykiss*（Walbaum）

俗　　名：鳟鱼、三文鱼

英 文 名：Rainbow trout（陆封型），Steel-head trout（洄游型），Kam-loops trout

日 文 名：ニジマス

分类地位：鲑形目、鲑科、大麻哈鱼属

形态特征：体呈纺锤形，略侧扁，有一脂鳍。头圆锥形。口前下位，稍倾斜，上颌骨后延至眼后下方。上下颌、腭骨、犁骨和舌上具利齿。鳞细小，侧线完全，侧线鳞108～145。鳃盖条11～15。鳃耙20～21。腹膜灰白色。幽门盲囊45～54。背部青绿色，腹部灰白色或银白色。性成熟个体沿体侧有一条宽而艳丽的橘红色纵带，延伸至尾鳍基部。体侧上半部布有很多黑色斑点。

生态习性：底层冷水性鱼类，喜栖于水质清澈、溶氧充足、底质为沙质的山间溪流中，喜集群。适温范围较广，可在24℃温度下正常生活。肉食性，人工养殖表现出以动物性饲料为主的杂食性，能很好地摄食消化人工配合饲料。2～3龄性成熟。

地理分布：原产于北美洲。我国1956年由朝鲜引进，现已遍布我国东北、华北、西北等地区。

经济价值：较大型名贵经济鱼类，不仅可淡水养殖，还可海水网箱养殖。

细鳞鲑 *Brachymystax lenok*（Pallas）

俗　　名：细鳞鱼、山细鳞、满洲鳟

英 文 名：Lenok，Manchuurian trout

日 文 名：レノック

分类地位：鲑形目、鲑科、细鳞鲑属

形态特征：体长而侧扁。口亚下位，上颌突出于下颌。上下颌、犁骨和腭骨均具齿。眼较大，近于吻端。鳞细小，侧线完全，侧线鳞133～233。鳃耙16～20。幽门盲囊51～84。背部黑褐色，体侧黄褐色，腹部灰白色。体侧散布长圆形斑点。背鳍上有4～5列斑点，脂鳍上有3～5个外套灰色圆圈的黑色斑点。小个体体侧有10～12条垂直横斑纹。不同年龄和不同栖息地，其体色变化较大。生殖期体色变暗，体侧出现红色斑点。

生态习性：栖息于清澈的江河溪流的冷水性鱼类，栖息的上限水温18～20℃。动物食性。人工养殖可食配合饲料。 4～5龄性成熟，雄性一般早熟1年。

地理分布：分布于鸭绿江、辽河东部山区支流、太子河、浑河的山区支流。在我国还分布于黑龙江、图们江、嫩江、牡丹江、松花江、绥芬河、滦河上游、汉江上游及新疆的额尔齐斯河流域。

经济价值：为名贵经济鱼类，其鱼卵经济价值很高，也是山溪游钓的理想对象。由于分布于山区溪流，数量稀少，视为珍稀鱼类。

香鱼 *Plecoglossus altivelis*（Temminck *et* Schlegel）

俗　　名：油香鱼、秋生子、黄瓜鱼

英 文 名：Ayu fish，Sweetfish

日 文 名：アユ

分类地位：鲑形目、香鱼科、香鱼属

形态特征：体细长，侧扁。头小，吻尖，吻前端向下弯成钩状突起。口大，下颌两侧各有一突起，突起之间呈凹形，口闭时，吻钩与此凹陷相吻合。上下颌有宽扁的细齿；前上颌骨、上颌骨和舌上均有齿。口底有黏膜褶皱。体被小圆鳞。侧线完全，侧线鳞127~171。鳃盖条6。体背部灰褐色，体侧由上至下呈橘黄色到淡黄色，腹部白色；各鳍淡黄色；脂鳍周围微红色；腹鳍上方有一黄色斑点。幼鱼体背稍暗，体侧鲜黄色。

生态习性：洄游性鱼类，每年秋季繁殖，幼鱼入海越冬，第二年春季回到河道中生长。以河道中石头上附着的藻类为食物，有占地盘习性。生命周期为1年。在有些水体可形成陆封种群。

地理分布：鸭绿江、大洋河、英那河、碧流河、六股河、石河等均有洄游型香鱼。我国从黄海北部的鸭绿江到北部湾的北仓河等沿海多数河口以及台湾淡水河有分布。

经济价值：为中小型经济鱼类，经济价值较高。其肉味鲜美，具特殊风味，享誉中外。

亚洲公鱼 *Hypomesus transpacificus nipponensis* McAllister

俗　　名: 公鱼、池沼公鱼、西太公鱼、春生子

英 文 名: Japanese smelt，Pond smelt

日 文 名: ワカサギ

分类地位: 鲑形目、胡瓜鱼科、公鱼属

形态特征: 体长形，侧扁，吻尖。口前上位，口裂斜，口裂后缘达瞳孔之前。下颌略长于上颌。上颌骨宽而短，后端达眼中部或稍后的下方。上颌骨、前颌骨、犁骨、腭骨、中筛骨、齿骨及舌上均有齿。体被薄鳞。侧线不完全，侧线鳞 7 ~ 15，纵列鳞 55 ~ 63。鳃盖条 6 ~ 8，鳃耙 28 ~ 37。脊椎骨 53 ~ 60。腹膜银灰色，有黑色小斑点。胃呈 "V" 字形。鳔 1 室，长圆形。体背部绿褐色，腹部银白色，背部鳞片边缘有灰色斑点。

生态习性: 喜栖于水较清澈、浮游动物较丰富的水域，为一年生小型鱼类，少数可存活到第二年。有淡水定居型和近海—河口洄游型，这两种类型可互相转换。淡水里产卵，产卵后绝大多数亲体死亡。杂食性。食谱比较广，从藻类、浮游动物、底栖动物、昆虫到鱼卵和仔鱼。1 冬龄性成熟。

地理分布: 分布于黑龙江、图们江、鸭绿江。1984 年开始以水丰水库公鱼作为种卵基地，向全国移植其发眼卵，到 1988 年已在全国 16 个省市区诸多水库、湖泊繁衍成优势种群。鸭绿江河口区海淡水洄游型群体也成为河口优势鱼类种群之一。

经济价值: 营养丰富，味道鲜美，整体可食，食用方便，是国内外畅销产品。

大银鱼 *Protosalanx hyalocranius*（Abbott）

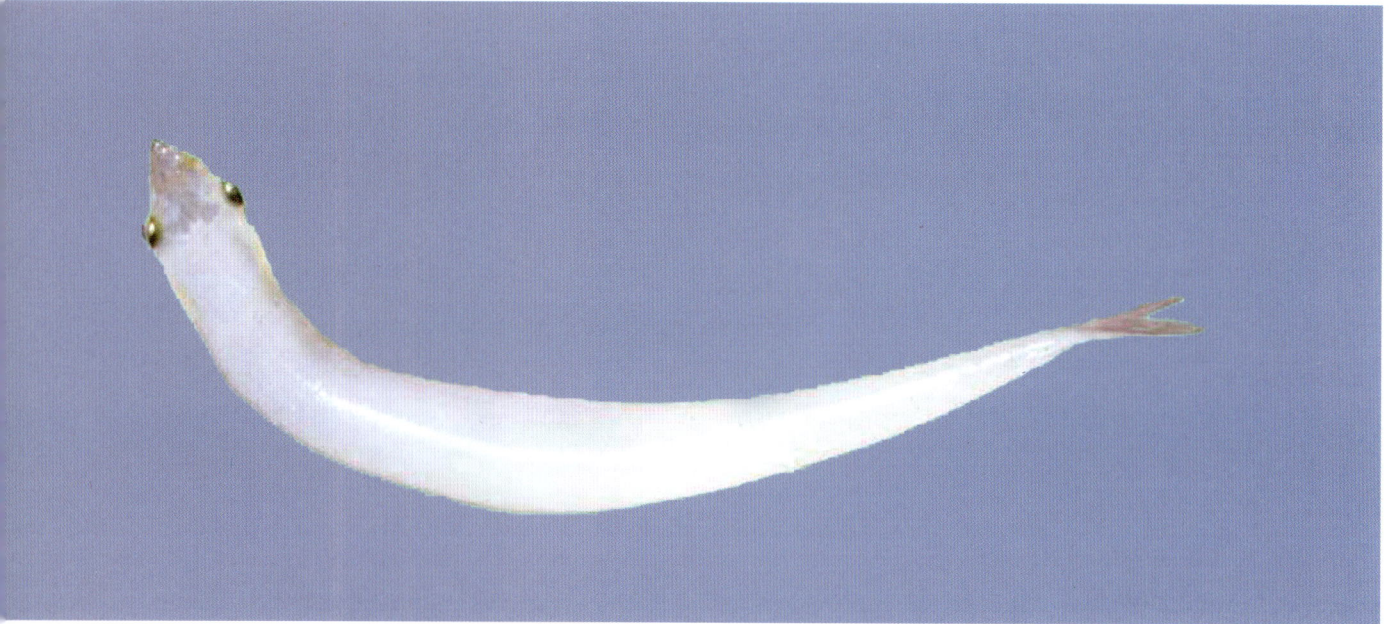

俗　　名：银鱼、面条鱼、冰鱼（朝鲜）

英 文 名：Large icefish

日 文 名：オオケチシテウオ

分类地位：鲑形目、银鱼科、大银鱼属

形态特征：体狭长，前部平扁，后部侧扁。头长而平扁。吻尖，呈扁三角形，吻长略短于眼前头宽。口宽大，下颌长于上颌，上颌骨后伸达眼中部下方。前颌骨和上颌骨各具齿1行，腭骨具齿2行，犁骨无齿，下颌和舌上具齿2行。前颌骨正常。鳃孔大，具假鳃。鳃耙短而细。体无鳞，仅雄鱼臀鳍基上方有1行鳞。无侧线。鳃耙3~4+11~12。脊椎骨68~73。体乳白色，生活时略透明。

生态习性：生活于河口及近海的洄游性鱼类，淡水里产卵。也有淡水里（湖泊、水库）定居类型。生命周期为1年。动物食性。幼鱼摄食浮游动物，成鱼捕食小型鱼、虾。冬季繁殖，产卵期12月底至翌年3月，为分批产卵类型，卵沉性。

地理分布：分布于辽河、鸭绿江下游。在我国还分布于渤海、黄海、东海沿岸的海河、淮河、黄河、长江、钱塘江等河口区及附属湖泊中。20世纪90年代起我国出现大银鱼移植高潮，现在华北、东北、西北、华东一些省市区许多水库、湖泊已定居了大银鱼。

经济价值：味道鲜美、营养丰富，整体可食，具有较高的营养价值。

有明银鱼 *Salanx ariakensis* Kishinouye

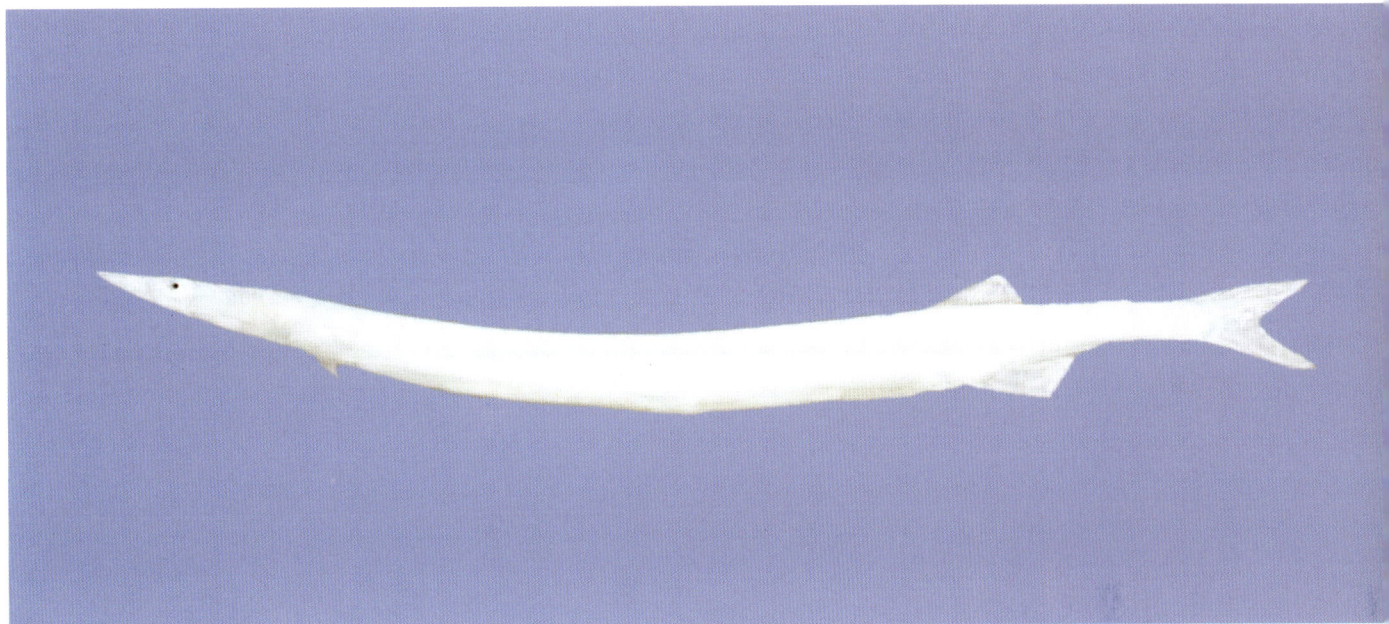

俗　　名：长鳍银鱼、面条鱼、银鱼

英 文 名：Ariake icefish

日 文 名：アリアケシラウオ

分类地位：鲑形目、银鱼科、银鱼属

形态特征：体细长，头部平扁，后部侧扁。吻尖长，三角形。眼小，中侧位。口中等大，前位。上下颌和腭骨具齿，下颌骨联合处有 1～2 枚犬齿。脂鳍起点与臀鳍最后鳍条相对。鳃耙 7～13。脊椎骨 72～75。体半透明，体侧及胸鳍、腹鳍、臀鳍上有黑色小点。

生态习性：生活于近海、河口的洄游性小型鱼类。生命周期 1 年。主要以浮游动物、虾类幼体为食。产卵期 9—10 月。卵沉性，具黏丝。

地理分布：分布于黄海、渤海沿岸的辽宁、河北、天津等。

经济价值：鸭绿江和辽河河口重要经济鱼类。

安氏新银鱼 *Neosalanx anderssoni*（Rendahl）

俗　　名：面条鱼、红脖

英 文 名：Andersson's icefish

日 文 名：アカシラウオ

分类地位：鲑形目、银鱼科、新银鱼属

形态特征：体细长，近圆筒形。头扁平。吻短而圆钝，吻长小于眼后头长。眼小而圆。鼻孔2个，相距较近。口大，前位，下颌略长于上颌。前颌骨具齿1行，2~6枚；上颌骨具齿1行，6~20枚；下颌齿1行，2~7枚；腭骨、犁骨和舌上均无齿。鳃孔大。鳃耙短小。具假鳃。体光滑无鳞，仅雌性臀鳍基上方具有一纵行圆鳞，21~33个。背鳍1个，位于体后部。脂鳍小，位于臀鳍后部鳍条上方。胸鳍具发达的肌肉基，雄性胸鳍第一鳍条延长。尾鳍叉形。体半透明。吻背、鳃盖后缘及背部具明显黑色斑点，腹侧自胸鳍至臀鳍间每侧具1行黑点。尾鳍后端灰黑色。性成熟雌鱼色素较多，在体背形成黑色带；雄鱼色素少，黑色不明显。

生态习性：生殖期为3—5月，一般3月下旬有少数个体开始产卵，至5月下旬产卵基本结束。产卵后亲体逐渐死亡。卵表面具黏丝。

地理分布：分布于辽宁辽东湾沿岸、鸭绿江附近及我国黄海、渤海、东海。国外见于朝鲜。

经济价值：味道鲜美、营养丰富，整体可食，具有较高的营养价值。

长蛇鲻 *Saurida elongata* (Temminck *et* Schlegel)

俗　　名：神仙梭

英 文 名：Elongate lizardfish

日 文 名：トカゲエソ

分类地位：灯笼鱼目、狗母鱼科、蛇鲻属

形态特征：体呈长筒形，中部稍粗。头略扁平。吻钝尖。眼中等大。鼻孔明显，距眼前缘较距吻端为近。口大，前位，口裂长，超过头长的一半。上下颌有多行锐利细齿；犁骨齿数个；腭骨每侧有2组齿带。舌小，细尖。鳃孔较大。假鳃发达。鳃耙细小，呈针尖状。尾柄圆，两侧棱显著。肛门远位于腹鳍后方。体被圆鳞，颊部和鳃盖上均被鳞。侧线完全，平直，侧线鳞凸出。背鳍始于腹鳍起点稍后方，至吻端和脂鳍的距离约相等。具较小脂鳍，与臀鳍相对。臀鳍小于背鳍。胸鳍短，其后缘不伸达腹鳍基部。腹鳍起点距吻端较距臀鳍起点为近。尾鳍叉形。体背部和侧部暗棕色。腹部、臀鳍和腹鳍白色。背鳍、胸鳍和尾鳍暗灰色，边缘黑色。

生态习性：温水性近海底层鱼类。喜栖于泥质和泥沙底质海区。性凶猛，游泳迅速，但移动范围不大，不进行长距离洄游。5—6月游向沿岸水深20～30m的沙泥底质海区产卵，生殖后分散索饵，11月随沿岸水温下降逐渐游向深水区，越冬场在黄海中部。

地理分布：分布于辽宁沿海及国内其他海区。国外见于朝鲜、日本。

经济价值：沿海常见经济鱼类。

鳗鲡 *Anguilla japonica* Temminck *et* Schlegel

俗　　名：日本鳗鲡、鳝鱼、青鳝、白鳝

英 文 名：Japonese eel

日 文 名：ウナギ

分类地位：鳗鲡目、鳗鲡科、鳗鲡属

形态特征：体细长，前部圆筒状，后部稍侧扁。头长而尖。吻短，稍平扁。眼很小，位于口角上方。口前位，下颌稍长于上颌。上下颌及犁骨均具细齿。唇厚，肉质。鳃孔小，位于胸鳍基部下方。鳞小，埋于皮下，呈席纹状排列。侧线发达。体上多黏液。背鳍、臀鳍低而长，后端均与尾鳍相连。胸鳍短而圆，位于体侧正中。无腹鳍。尾鳍短，稍尖。体上半部青灰色，腹部白色。

生态习性：降河洄游鱼类。幼鳗在淡水生活3~5年，性成熟后降海到大洋深处产卵。发育过程经变态成白仔鳗后，随涨潮溯河进入淡水中生活，由白仔鳗变成黑仔鳗、幼鳗，在江河湖泊中生活。白天多隐藏于石缝等处，夜间觅食。在淡水中生活的幼、成鳗以小鱼、虾、蟹、水生昆虫等为食。

地理分布：在东北仅分布于辽宁沿海河流鸭绿江、大洋河、辽河、大凌河、碧流河等。在我国沿海河流海河、黄河、长江、钱塘江、珠江等水系亦有分布。

经济价值：肉质细嫩、味美，含脂量高，营养丰富，为高档食用鱼。

星康吉鳗 *Conger myriaster*（Brevoort）

俗　　名：星鳝、鳝鱼

英 文 名：Starry conger

日 文 名：マアナゴ

分类地位：鳗鲡目、康吉鳗科、星鳗属

形态特征：体前部呈圆筒形，尾部侧扁。头锥形。吻较长，稍扁平。眼中大，埋于皮下。鼻孔2个，分离，前鼻孔具短管，后鼻孔呈裂缝状。口大，口裂近水平或微斜。唇宽厚。齿较大，呈锥状，排列较稀。舌宽大，前部游离。鳃孔较大，位于胸鳍基部下方。肛门位于体中部前方。体无鳞。侧线完全，肛门前方侧线孔38～40。背鳍起点位于胸鳍后上方。臀鳍起点位于肛门稍后下方。背鳍、臀鳍和尾鳍相连。胸鳍长圆形。体背呈暗黑色，腹侧淡褐色。侧线及其上方具感觉孔，为白色。背鳍、臀鳍及尾鳍具深黑色边缘，胸鳍淡黄色。

生态习性：常栖息于沿岸的泥沙、石砾质底的水域，以小鱼、虾、蟹和头足类等为食。每年5月末至6月初是星康吉鳗叶状幼体的变态阶段。

地理分布：分布于辽宁沿海及国内其他海区。国外见于日本、朝鲜。

经济价值：肉味鲜美，也可制成干制品。

海鳗 *Muraenesox cinereus*（Forskàl）

俗　　名：狼牙鳝

英 文 名：Pike eel

日 文 名：ハモ

分类地位：鳗鲡目、海鳗科、海鳗属

形态特征：体呈圆筒形，后部侧扁。头尖长，呈锥状。吻突出。眼大，呈长圆形。眼间隔大于眼径，微隆起。鼻孔每侧2个，前鼻孔短管状，后鼻孔圆形。口大，口裂伸达眼的远后下方。上颌较长。舌狭窄，附于口底。上下颌齿尖强，3行；犁骨齿发达，3行。鳃孔宽大。肛门位于体中部前方。体光滑无鳞。侧线孔明显。背鳍、臀鳍与尾鳍相连。背鳍起点在胸鳍基部稍前方。胸鳍发达，长尖形。体背侧银灰色，较大个体略呈暗褐色。腹侧乳白色。背鳍、臀鳍和尾鳍边缘黑色。

生态习性：底层凶猛肉食性鱼类，游泳迅速。常栖息于水深50～80m的泥沙或沙砾底质的海区。春末夏初逐渐洄游到辽宁沿海，秋末冬初返回越冬场所。

地理分布：分布于辽宁沿海及我国其他海区。国外见于朝鲜、日本、菲律宾、印度尼西亚、印度、非洲东海岸。

经济价值：肉味鲜美。

宽鳍鱲 *Zacco platypus* （Temminck *et* Schlegel）

俗　　名：鱲鱼、大眼鱲、大鳞鱲、红翅子

英 文 名：Pale chub

日 文 名：オイカワ

分类地位：鲤形目、鲤科、鱲属

形态特征：体长而侧扁。口端位，口裂较小，无须。体被圆鳞。侧线完全，前部显著下弯。侧线鳞不超过50，侧线上鳞7~9行。下咽齿3行：2.4.5–4.4.2，2.3.4–4.3.2，1.3.5–5.3.1，1.3.4–4.2.1。脊椎骨4+35~39。体色鲜艳，背部青灰色，腹部银白色，体侧有8~13条蓝色垂直条纹，条纹之间分别杂有红色斑点。腹鳍淡红色。

生态习性：栖息于江河支流和湖泊水库的小型鱼类。杂食性，以枝角类、桡足类、昆虫幼虫、丝状藻类、硅藻类为主要食物，偶尔也食小鱼。1冬龄性成熟。

地理分布：分布于鸭绿江、辽河及其支流、大凌河、小凌河、英那河、碧流河等。在我国还分布于黑龙江、黄河、长江和珠江水系以及东部沿海各溪流。

经济价值：小型经济鱼类。

马口鱼 *Opsariichthys bidens* Günther

俗　　名： 马口、大口扒、马鱼、桃花鱼、凸背鱼、黑条鱼

英 文 名： Piscivorous chub, Triplelip, Korea piscivorous

日 文 名： ハス

分类地位： 鲤形目、鲤科、马口鱼属

形态特征： 体长，侧扁，腹部圆形。吻钝。眼侧上位。口前上位，口裂大且斜。下颌突出，前端凸起与上颌凹陷相嵌合；上下颌之侧缘凹凸相嵌。体被圆鳞，中等大小。侧线完全。鳃耙9～13。下咽齿3行，1.4.5–4.4.2，2.4.5–5.4.2，2.4.4–5.4.3等。咽齿锥形，末端钩状。肠道长约等于体长。鳔2室，后室长约为前室长的2倍。腹膜灰白色。体背部灰黑色，腹部银白色。颊部及偶鳍和尾鳍下叶橙黄色，背鳍的鳍膜有黑色斑点。体侧具10～14条浅蓝色垂直斑条，繁殖季节雄鱼尤为鲜艳。

生态习性： 喜栖于湖泊、水库中上层的小型凶猛鱼类。肉食性。1～3龄性成熟，产黏性卵。

地理分布： 辽河水系有分布。在我国南起海南岛、元江（红河），北至黑龙江流域均有分布。

经济价值： 小型经济鱼类。个体不大，但群体数量较大，有一定经济价值。

瓦氏雅罗鱼 *Leuciscus waleckii waleckii*（Dybowsky）

俗　　名：雅罗鱼、东北雅罗鱼、沙包、华子鱼、罩林子

英 文 名：Amur ide

日 文 名：キタノウグイ

分类地位：鲤形目、鲤科、雅罗鱼属

形态特征：体形长，侧扁，背缘略呈弧形，腹部圆。口端位，口裂斜，上下颌等长。鳃盖膜在前鳃盖骨后缘稍前下方与峡部相连。鳃耙8～12。下咽齿2行，3.5-5.3，2.5-5.3 或 2.4-5.3。脊椎骨4+41～46。体背青灰色，腹侧色浅，背鳍、尾鳍浅灰色；尾鳍边缘灰黑色；胸鳍、腹鳍、臀鳍浅色。

生态习性：喜凉耐寒，适应盐碱化水域的中小型鱼类。杂食性，适应性强。一般3～4龄性成熟，产黏性卵。

地理分布：分布于辽河、鸭绿江、大凌河、小凌河、英那河、碧流河等。在我国还分布于黑龙江、松花江、海河及黄河水系。

经济价值：肉味鲜美，具有一定的经济价值，是东北地区一些水库建库初期的主要渔获对象之一。

拉氏鲅 *Phoxinus lagowskii* Dybowsky

俗　　名：洛氏鲅、长尾鲅、柳根垂

英 文 名：Amur minnow, Fat minnow

日 文 名：アブラハヤ

分类地位：鲤形目、鲤科、鲅属

形态特征：体低而长，稍侧扁，腹部圆，尾柄长而低。头近锥形，头长大于体高。吻尖，亚下位，口裂倾斜，上颌长于下颌，上颌骨末端伸达鼻孔后缘下方或稍后，唇后沟中断。眼位于头侧的前方，眼间宽平，其宽大于眼径。鳃盖膜与峡部相连。鳞细小，排列紧密，侧线完全。背鳍iii–7；臀鳍iii–6–7；胸鳍i–10～17；腹鳍ii–6～7。侧线鳞71~110。鳃耙8～9。咽齿2行，2.4（5）–4（5）.2。脊椎骨4+38。体有许多不规则的黑色小斑点，两侧中轴有一显著的黑色直纹。

生态习性：栖息于水温偏低、水质澄清的河流中。摄食水生昆虫及其幼虫，也食鱼卵和其他小鱼。2龄性成熟。产卵期5—7月，卵黏性，黏附于砾石上发育。

地理分布：分布于黑龙江、图们江、辽河、黄河以及长江中上游的支流。

经济价值：个体小，数量多，可作风味食品食用。

丁鲅 *Tinca tinca*（Linnaeus）

俗　　名：金鲑鱼、丁鲑鱼、丁鲅、须鲅、金鲅、须桂鱼、丁穗鱼

英 文 名：Tench

日 文 名：テンチ

分类地位：鲤形目、鲤科、丁鲅属

形态特征：体形略呈圆筒形。口小，端位。口角须1对。下咽齿1行，侧扁。鳞细小，排列紧密。鳍条无硬刺，胸、腹鳍呈扇形，尾鳍平截或微凹。体表有绿、黄、蓝、白四种表现色，腹部略黄带白色。

生态习性：为广温性淡水鱼类，喜欢生活在水草茂盛、溶氧充足的江河、水库、湖泊中；耐低氧，皮肤具有呼吸功能。生存温度为1～40℃，适宜生长温度为14～28℃。一般2龄性成熟，产沉性卵，有一定黏性。杂食性，以浮游生物和底栖生物为食，人工养殖可食配合颗粒饲料。

地理分布：广泛分布在欧洲各大内陆河流、湖泊，以捷克、匈牙利、西班牙居多，在我国仅见于新疆额尔齐斯河和乌伦古河流域。20世纪70年代引入辽宁。

经济价值：是一种名贵鱼类，肉质细嫩、味道鲜美、营养价值极高，是欧洲各国的主要淡水养殖经济鱼之一，又是重要的游钓鱼、观赏鱼，在欧洲有皇家宠鱼之称。

青鱼 *Mylopharyngodon piceus*（Richardson）

俗　　名：青根、黑鲩、青棒、螺蛳青

英 文 名：Black carp

日 文 名：アオウオ

分类地位：鲤形目、鲤科、青鱼属

形态特征：体粗壮，近圆筒形，腹部圆。头中等大，背面宽。吻短，吻长稍大于眼径。口中等大，端位，呈弧形，上颌略长于下颌。唇发达，唇后沟中断。眼位于头侧的前半部；眼间宽面微凸。鳃盖膜与峡部相连。鳞中大，侧线鳞位于体侧中轴，浅弧形，后伸达尾柄正中。背鳍iii-7~8；臀鳍iii-8~9；胸鳍ii-8。鳃耙18~21。下咽齿1行，4-4。呈臼状，齿冠面光滑无沟纹。鳔2室，前室粗壮，短于后室。肠长，为体长的2倍左右，盘曲多次。体呈青灰色，背部较深，腹部灰白色，各鳍呈黑色。

生态习性：栖于水体中下层大型经济肉食性鱼类，主要以底栖软体动物如蚌、蚬、螺等为食，也食虾、蟹和昆虫幼虫等。人工养殖可摄食配合颗粒饲料。4~5龄性成熟，产漂浮性卵。

地理分布：江河洄游性鱼类。原产于长江水系。20世纪50年代引入辽宁。是湖泊、水库、池塘主要养殖对象之一。

经济价值：大型经济鱼类，有较高的经济价值。自然产量和养殖产量以长江中下游及附属湖泊、外荡、池塘为多。

草鱼 *Ctenopharyngodon idellus*（Cuvier *et* Valenciennes）

俗　　名：鲩、白鲩、草根

英 文 名：Grass carp

日 文 名：ソウギョ

分类地位：鲤形目、鲤科、草鱼属

形态特征：体长形，近圆筒形，尾部侧扁，无腹棱。头宽，前部略平扁。吻短钝。口端位，上颌略长于下颌。眼位于头侧前半部，眼间宽，稍凸。鳃孔向前伸至前鳃盖骨后缘的下方；鳃盖膜与峡部相连。鳞中大，呈圆形。侧线前部呈弧形，后部平直。背鳍iii–7；臀鳍iii–8；胸鳍i–16～19；腹鳍ii–7～8。鳃耙14～17。下咽齿2行，2.5–4.2。下咽齿侧扁，呈梳状，侧面具沟纹。鳔2室，前室粗短，后室长尖。肠长，多次盘曲，其长为体长的2倍以上。体呈茶黄色，腹部灰白色，体侧鳞片边缘灰黑色，胸鳍、腹鳍灰黄色，其他鳍浅色。

生态习性：喜栖息于平原地区江河、湖泊等水域中上层和近岸多水草区域，性情活泼，游泳迅速。典型的草食性鱼类。人工养殖可摄食配合饲料。4～5龄性成熟，产漂流性卵。

地理分布：主要分布于长江、珠江等水系及附属湖泊。水库、池塘养殖很普遍。

经济价值：我国四大家鱼之一，为重要的经济鱼类。其肉质鲜嫩，营养价值高，饲料来源广，是池塘、水库养殖的主要品种之一。

赤眼鳟 *Squaliobarbus curriculus* (Richardson)

俗　　名： 红眼鳟、野草鱼、红眼鱼

英 文 名： Barbel chub

日 文 名： カワアカメ

分类地位： 鲤形目、鲤科、赤眼鳟属

形态特征： 体形长，略呈圆筒状，尾部侧扁。腹部圆，无腹棱。头较小，吻短，稍尖。口端位。须2对，短小，1对位于口角，1对位于吻的边缘。眼中大，上缘具一红色斑。鳞中大，侧线弧形。鳔2室，前室粗短，后室尖长。肠长大于体长，盘曲多次。腹膜深黑色。背鳍iii-7；臀鳍iii-8～9；胸鳍i-16～18；腹鳍ii-8。下咽齿3行，2.4.4-4.4.2。体背青灰色，腹部淡黄色，侧线以上每一鳞片基部有一黑点。背鳍、尾鳍深灰色，其他鳍浅灰色。

生态习性： 栖息于江河流水或静水水体中层的中小型鱼类。杂食性，以藻类、水生高等植物、水生昆虫和淡水壳菜等为食。2～3龄性成熟，产卵期6—7月，卵沉性。

地理分布： 分布于辽河中下游、东辽河。在我国除青藏高原外，各水系均有分布。

经济价值： 中小型经济鱼类，可作为增养殖对象。

鱼 类

鲦 *Hemiculter leucisculus*（Basilewsky）

俗　　名：鲦、白漂子、青鳞子

英　文　名：Sharpbelly

日　文　名：ヘミクルテル

分类地位：鲤形目、鲤科、鲦属

形态特征：体长而侧扁，背缘平直，腹缘略呈弧形，自胸鳍基下方至肛门具腹棱。头略尖，侧扁。吻短。口端位，口裂斜，上下颌约等长。眼中大，侧位，眼间宽而微凸。鳞薄易脱落。侧线完全，自头后向下倾斜至胸鳍后部弯折与腹部平行于体的下半部，在臀鳍末端又折而向上伸入尾柄正中。背鳍iii-7；臀鳍iii-11～13；腹鳍ii-7～8。鳃耙17～20。下咽齿3行，2.4.5-5.4.2。鳃耙短小，排列较密。鳔2室，后室长于前室，末端一般具小突。肠长为体长的1.5倍左右。腹膜灰黑色。体背部青灰色，腹侧银白色，尾鳍边缘黑色。

生态习性：栖息于水体中上层的小型鱼类。杂食性。2～3龄性成熟。分批产卵，卵浮性。

地理分布：分布于辽河、大凌河、小凌河、六股河、鸭绿江、英那河、碧流河等。在我国还广泛分布于自南至北几乎各河系及附属水体。

经济价值：小型经济鱼类，是湖泊、水库等主要猎获对象。它是水体鱼类食物链的一个环节，为保持水域鱼类群落生态平衡发挥着作用。

达氏鲌 *Culter dabryi dabryi*（Bleeker）

俗　　名：青稍红鲌、戴氏红鲌、青稍、麻连

英 文 名：Dabry's culter

分类地位：鲤形目、鲤科、鲌属

形态特征：体长形而侧扁，头背面平直，头后背部显著隆起。腹棱自腹鳍基部至肛门。头略尖，侧扁。吻钝，吻长大于眼径。口亚上位，口裂斜，下颌略长于上颌。眼中大，位于头侧前半部；眼间宽，微凸，眼间距大于眼径。鳞中大，侧线平直，位于体轴中侧，侧线鳞65～70。背鳍iii-7；臀鳍iii-25～29；胸鳍i-13～14；腹鳍ii-8。围尾柄鳞20～22。鳃耙20～22。下咽齿3行，2.4.4-5.4.2，近锥形，末端尖而呈钩状。鳔3室，中室最大，后室细尖。肠长短于体长。腹膜银白色。体背灰黑色，腹部银白色。各鳍均呈灰黑色，尾鳍边缘黑色。

生态习性：生活于湖泊、水库静水水体中的中上层。以动物食性为主的杂食性。东北地区3～4龄性成熟，长江以南2龄性成熟。产黏性卵。

地理分布：辽宁大伙房水库达氏鲌是投放鲢鳙时从长江水系带入而繁衍成种群。在我国广泛分布于除西藏高原外的各地。

经济价值：中小型经济鱼类，美味可口，有一定经济价值。

翘嘴鲌 *Culter alburnus* Basilewsky

俗　　名：大白鱼、倒子

英 文 名：Topmouth culter

日 文 名：クルター・アルブルヌス

分类地位：鲤形目、鲤科、鲌属

形态特征：体长而侧扁，头部背面平直，头后背部隆起。腹部在腹鳍基至肛门有腹棱。口上位，口裂几与体轴垂直，下颌肥厚而上翘，突出于上颌之前，为头的最前端。眼中大，位于头侧。眼间较窄，微凸。鳃盖膜连于峡部。鳞较小，背部鳞较体侧小。侧线前部浅弧形，后部平直。背鳍iii–7；臀鳍iii–21～24；胸鳍i–15～16；腹鳍ii–8。侧线鳞84～92。鳃耙24～28，鳃耙长，排列密。下咽齿3行，2.4.4–5.4.2，咽齿近锥形，末端呈钩状。脊椎骨4+38～39。鳔3室，中室最大。肠长约与体长相等。腹膜银白色。体背灰黑色，腹侧银白色，各鳍深灰色。

生态习性：江河、湖泊中上层鱼类，行动敏捷，善跳跃。肉食性，主要以鱼为食。成熟年龄南北差别很大，海河以南3龄性成熟，产黏性卵；而黑龙江兴凯湖5$^+$龄性成熟，产浮性卵。

地理分布：分布于辽河中下游及疙瘩楼水库，大伙房水库的翘嘴鲌是从长江运放鲢鳙鱼时带入繁衍成种群。在我国广泛分布于除青藏高原外的各地。

经济价值：大型经济鱼类，以其肉质细嫩、洁白味美而驰名，是一些大型湖泊的重要捕捞对象，经济效益可观。

鳊 *Parabramis pekinensis*（Basilewsky）

俗　　名：长春鳊、鳊花、鳊鱼

英 文 名：White bream，White amur bream

分类地位：鲤形目、鲤科、鳊属

形态特征：体高而侧扁，呈长菱形，腹部自胸鳍基下方至肛门有腹棱。头很小。头后背部隆起。吻短。口小，端位。侧线平直。背鳍具硬刺；臀鳍基部长；尾鳍深分叉。背鳍iii-7；臀鳍iii-28～31；胸鳍i-18；腹鳍ii-8。鳃耙16～18。咽齿3行，2.4.5-5.4.2。体背及头部背面青灰色，带有浅绿色光泽，体侧银灰色，腹部银白色，各鳍边缘灰色。

生态习性：栖居于水体中下层。以草食性为主的杂食性。最大可达2kg以上。3～4龄性成熟，繁殖期6—7月，为一年多次产卵鱼类，卵黏性。

地理分布：辽宁主要分布于辽河中下游及一些水库。国内其他分布区为除西藏高原外的各地。

经济价值：肉质细嫩、鲜美，脂肪丰富，是我国重要经济鱼类之一。是一些浅水、多水草湖泊、水库理想的增养殖对象。

鲂 *Megalobrama skolkovii*（Dybowsky）

俗　　名：三角鳊、三角鲂、平胸鳊

英 文 名：Black bream

分类地位：鲤形目、鲤科、鲂属

形态特征：体高而侧扁，呈菱形，腹鳍基至肛门具腹棱。尾柄短。头小而侧扁。吻短，口较小，口裂斜。上下颌约等长，上下颌角质发达。眼中等大，位于头侧；眼间宽而圆突。鳃盖膜连于峡部。侧线较平直。主行咽齿稍侧扁，末端尖而弯，最后一枚呈圆锥形。鳔3室，前室大于中室，后室很小，末端尖形。肠长为体长的2.5倍左右。腹膜银灰色。背鳍iii-7；臀鳍iii-24～28；胸鳍i-15～17；腹鳍ii-8。侧线鳞54～59。鳃耙14～18。咽齿3行，2.4.5-5.4.2。体呈灰黑色，腹部银灰色，体侧鳞片中间浅色，边缘灰黑色，各鳍灰黑色。

生态习性：中下层鱼类。杂食性。幼鱼主要摄食浮游动物，成鱼主要摄食水生植物，也食丝状藻类、软体动物、水生昆虫、螺蚬类、虾和小鱼。4～5龄性成熟。卵黏性，但黏性不强。

地理分布：分布于辽河中下游，水丰水库、大伙房水库的鲂系投放鲢鳙鱼种时从长江水系带入的。在我国还分布于黑龙江、松花江、嫩江、乌苏里江、黄河、淮河、长江、钱塘江、闽江等水系及一些附属湖泊。

经济价值：为重要经济鱼类。人工繁育和池塘养殖已获得成功。

团头鲂 *Megalobrama amblycephala* Yih

俗　　名：武昌鱼、团头鳊

英 文 名：Wuchang bream，Wuchang fish，Bluntnose bream

日 文 名：ダントウボウ

分类地位：鲤形目、鲤科、鲂属

形态特征：体高而侧扁，呈菱形，腹部自腹鳍至肛门具腹棱，尾柄宽短。头小。口端位，口裂较宽，呈弧形，上下颌具薄的角质。眼中大，位于头侧，眼间宽而圆凸。侧线位于体侧中央。咽齿稍侧扁，末端尖而弯。鳔3室，中室大于前室，后室小。肠多次盘曲，肠长为体长的2.5倍左右。腹膜灰黑色。背鳍iii-7；臀鳍iii-24～28；胸鳍i-14～16；腹鳍ii-8。鳃耙13～15。下咽3行，2.4.5-5.4.2。体呈青灰色，体侧有数行深浅相间的纵纹。各鳍灰黑色。

生态习性：喜栖于水草丛生的水体中下层，草食性。在人工养殖条件下可食配合饲料。2～3龄性成熟，产黏性卵。

地理分布：为我国特产鱼类，原产于长江中下游附属湖泊。1964年人工繁殖成功后，移向全国各地养殖。

经济价值：名贵经济鱼类，肉味鲜美，经济价值较高。是池塘主养和搭配养殖的主要品种之一，亦是湖泊、水库增养殖的主要对象。

细鳞鲴 *Xenocypris microlepis* Bleeker

俗　　名：细鳞斜颌鲴、板黄、沙姑子、黄片

英 文 名：Microlepido yellowtail

分类地位：鲤形目、鲤科、鲴属

形态特征：体长而侧扁。头小，吻短，吻皮紧贴于上颌。口下位，略呈弧形，下颌前缘有薄的角质缘。眼较小，侧上位。鳞较小，侧线完全。肛门前有腹棱。下咽齿3行，2.4.7–7.4.2，主行侧扁，顶端稍长，外侧两行咽齿纤细。鳔2室，后室长为前室长的3倍左右。背鳍iii–7；臀鳍iii–10～12；胸鳍i–15～16；腹鳍i–8。鳃耙28～45。体背灰黑色，体侧和腹部银白色，有黄色光泽。胸、腹、臀鳍浅黄色。背鳍灰黑色，尾鳍橘黄色，后缘灰黑色。

生态习性：为江河、湖泊中下层鱼类，喜栖于流水环境中。植物性食性，以藻类和有机碎屑为食，常以下颌角质缘刮取食物。黑龙江水系4⁺龄性成熟，钱塘江2～3龄性成熟。

地理分布：分布于黑龙江、黄河、长江、钱塘江、珠江及东南沿海一些水系，人工移植于辽宁一些水库。

经济价值：我国一些江河、湖泊的重要经济鱼类。人工繁育和增养殖取得成功。

高体鳑鲏 *Rhodeus ocellatus*（Kner）

俗　　名：鳑鲏、葫芦子、杨树叶

英 文 名：Rose bitterling

日 文 名：タイリクバラタナゴ

分类地位：鲤形目、鲤科、鳑鲏属

形态特征：体高而侧扁，近似卵圆形，头背部显著隆起。头小，口端位，口顶端约在眼中点水平线上，口角位于眼下缘水平线之上，口角无须。眼侧上位。鳃盖膜连于峡部。侧线不完全。背鳍iii–10～12；臀鳍iii–9～11；胸鳍i–11；腹鳍i–7。侧线鳞5～11，纵列鳞34～35，横列鳞11。鳃耙10～12。下咽齿1行，5–5。脊椎骨4+30～31。鳔2室，后室长约为前室长的2倍。腹膜灰黑色。体背部暗绿色，鳃盖后缘有一黑色斑点，沿尾柄中线有一纵行的黑色条纹，背鳍有黑白相间的条纹。

生态习性：栖息于湖库江河湾汊水流缓慢的浅水处。杂食性，主要摄食高等植物的碎屑和藻类，也食浮游动物、水生昆虫幼虫。繁殖期4—5月。性成熟的雄鱼吻端、眼眶上缘有白色追星，眼上部为朱红色；臀鳍红色且镶有1条较狭的黑边；雌鱼有产卵管，将卵产于蚌类的鳃瓣中。

地理分布：分布于辽河水系和我国长江以南各水系。

经济价值：小型鱼类，食用价值不大。体色艳丽，可作观赏鱼类。

唇鲴 *Hemibarbus labeo*（Pallas）

俗　　名：鲮鲴、重唇、重重、重口鱼

英 文 名：Skin carp，Cornet fish，Korean barbell

日 文 名：コウライニゴイ

分类地位：鲤形目、鲤科、鲴属

形态特征：体长，略侧扁。头大，其长大于体高。吻长而突出，其长显著大于眼后头长。口大，下位，呈马蹄形。唇厚，下唇发达，两侧叶宽厚，具发达的褶皱。口角有须1对，长度小于或等于眼径。眼大，侧上位。侧线完全。背鳍iii-7；臀鳍iii-6；胸鳍i-18～19；腹鳍i-8。鳃耙15～18。下咽齿3行，1.3.5-5.3.1。肠管粗短，其长约等于体长。鳔大，2室，前室卵圆形，后室长锥形，末端尖细。腹膜银灰色。体背青灰色，腹部白色。背鳍、尾鳍灰褐色，其他各鳍灰白色。

生态习性：栖息于江河流水的中下层。动物食性，以水生无脊椎动物为食。黑龙江4龄性成熟，长江2龄性成熟。在稳流砂石底质处产卵，卵黏性，但黏性不大。

地理分布：鸭绿江、辽河东部山区支流的太子河、浑河，辽东半岛的英那河、碧流河等有分布。全国各主要水系均有分布。

经济价值：肉味美，刺少，是高档食用鱼。一些江河有一定产量，在江河捕捞渔业中占一定地位。国内一些省市作为增养殖对象，已可进行人工繁育苗种。

花鳕 *Hemibarbus maculatus* Bleeker

俗　　名：麻花鳕鱼、花吉勾、麻鲤、沙轱辘

英 文 名：Spotted steed

日 文 名：コマニゴイ

分类地位：鲤形目、鲤科、鳕属

形态特征：体长，略侧扁。头长小于体高。吻稍突，前端略平扁。口略小，下位。唇薄，下唇侧叶狭窄，中叶为三角形突起。口角有须1对，其长短于眼径。眼中大，侧上位。鳞较小。侧线完全。背鳍iii-7；臀鳍iii-6；胸鳍i-16～18；腹鳍i-8。侧线鳞47。鳃耙8～11。下咽齿3行，1.3.5-5.3.1。下咽骨较粗壮，主行顶端呈钩状，外侧2行甚纤细。鳃耙粗长，为长锥状。肠长约与体长相等。鳔2室，前室卵圆形，后室长锥形，后室长为前室的1.8～2.4倍。腹膜银灰色。体背部和侧部灰褐色，腹部白色，体侧具多数大小不等的黑褐色斑点，沿体侧中轴侧线上方有7～11个黑色大斑。背鳍和尾鳍具多数小黑点，其他各鳍灰白色。

生态习性：多栖息于静水或缓流的中下层。动物食性，以水生昆虫等底栖动物为食。黑龙江4～5龄性成熟，长江水系2～3龄性成熟。卵黏性。

地理分布：辽河及其支流和附属水库、鸭绿江、大洋河等有分布。全国各主要水系均有分布。

经济价值：肉味美，为上等食用鱼。人工育苗已成功，可作为池塘养殖对象。

棒花鱼 *Abbottina rivularis*（Basilewsky）

俗　　名：拟鲌、爬虎鱼、船丁子、沙锤

英 文 名：Rounded gudgeon

日 文 名：ツチフキ

分类地位：鲤形目、鲤科、棒花鱼属

形态特征：体长，粗壮，前部近圆筒状，后部略侧扁。头大，头长大于体高。吻长，向前突出，鼻孔前方下陷。口下位，马蹄形。唇厚，上唇通常具不明显的褶皱。须1对，须长与眼径几相等。眼小，侧上位。胸部前方裸露无鳞。侧线完全。背鳍iii-7；臀鳍iii-5；胸鳍i-11～12；腹鳍i-7。鳃耙5～7。下咽齿侧扁，1行，5-5。肠管粗短，其长约与体长相等。鳔大，2室，前室近圆形，后室长圆形，其长为前室的1.5～2.0倍。体背部和侧部黄褐色，腹部银白或淡黄色。从吻端至眼前缘有一黑色条纹。体侧中轴有不明显的灰黑色斑块6～8个；上半部每一鳞片后缘有一黑色斑点。各鳍浅黄色，背鳍和尾鳍具许多黑色小点组成的条纹。

生态习性：中下层小型鱼类，喜栖于河湖支流湾汊沙砾底质处。杂食性。1龄性成熟。有筑巢产卵和护卵习性。

地理分布：分布于鸭绿江、辽河、大凌河、小凌河、六股河、兴城河、石河、碧流河、英那河、复州河水系及附属湖泊、水库。在我国，除西藏、新疆及台湾、海南岛外，几乎遍布各水系。

经济价值：个体小，数量较多，为产地食用鱼类，有一定经济价值。

高体鮈 *Gobio soldatovi* Berg

俗　　名：苏氏鮈

英 文 名：Pacific gudgeon

分类地位：鲤形目、鲤科、鮈属

形态特征：体延长，略侧扁，背鳍起点处最高，尾柄稍细长，腹部圆。头长大于体高。吻短，吻长小于眼后头长。口下位，弧形。唇薄，光滑，唇后沟中断。须1对，短小，位于口角，末端不超过眼球中央的下方。眼侧上位。侧线完全，微下弯。背鳍iii-7；臀鳍iii-6；胸鳍i-16；腹鳍i-8。鳃耙3～4，锥状。下咽齿2行，2.5-5.2，主行稍侧扁，末端微钩曲。脊椎骨4+34。体背灰黑色，腹部灰白色。体侧中轴具灰黑色纵纹，沿此纹有7～9个黑色斑点。体背及体侧上部有许多不规则小黑斑。背鳍、尾鳍均有黑点组成的若干条纹，其他各鳍灰白色。

生态习性：生活于湖泊等静水水域的底栖小型鱼类，以底栖生物为食。2龄性成熟。

地理分布：分布于鸭绿江中上游、黑龙江中下游、松花江、乌苏里江等。

经济价值：个体小，可食用，有一定经济价值。

似鮈 *Pseudogobio vaillanti*（Sauvage）

俗　　名：拟鮈、安氏拟鮈、长吻拟鮈、沙鮀、沙棒子

英 文 名：Pike gudgeon，Scythefish，Goby minnow

分类地位：鲤形目、鲤科、似鮈属

形态特征：体长，前段圆筒形，胸、腹部平，尾柄细长。头长且尖，其长大于体高。吻长，扁平，其长大于眼后头长。口下位，弧形。唇厚，发达，肉质唇上具多数显著而密集的乳突；上唇乳突细小，排列成多行；下唇分3叶，其上均具小乳突，中叶为椭圆形肉质突，后缘游离，两侧叶宽，向前渐细，延伸至中叶前方左右相连有沟与中叶分开，上下唇在口角处相连。须1对，长与眼径相等。眼侧上位，眼间宽。胸鳍基部之前裸露无鳞。侧线完全，平直。背鳍iii-7；臀鳍iii-6；胸鳍i-13～14；腹鳍i-7。侧线鳞41～44。鳃耙短小，11～13。下咽齿2行，2.5-5.2，主行侧扁，末端稍钩曲，外行齿纤细。肠管长约与体长相等。鳔2室，前室包于韧质膜囊内，后室小，露于囊外。腹膜灰白色。体背和体侧灰黑色，腹部灰白色。横跨体背有5块较大的黑斑，体侧中轴有6～9块长方形黑斑。背鳍和尾鳍上黑点排列成条纹，胸鳍、腹鳍有零散小黑点，臀鳍灰白色。

生态习性：喜栖于沙砾底质流水河段的底栖小型鱼类。以底栖生物为主的杂食性。2～3龄性成熟，产卵期5—6月，卵黏性。

地理分布：辽河水系、鸭绿江、大洋河、清河、碧流河、大凌河等均有分布。在我国还分布于黄河下游、长江中下游、闽江、珠江等水系。

经济价值：小型食用鱼类。

鲤 *Cyptinus carpio* Linnaeus

俗　　名：黑龙江鲤、鲤子、鲤拐子、红毛鲤子

英 文 名：Common carp

日 文 名：コイ

分类地位：鲤形目、鲤科、鲤属

形态特征：体纺锤形，侧扁，背部隆起，腹部平直，尾柄宽短。头较小，吻钝。眼侧上位。口亚下位，深弧形。唇发达。须2对，口角须长于吻须。侧线完全，前部稍呈弧形，后部平直。背鳍iv-16~21；臀鳍iii-5；胸鳍i-13~17；腹鳍ii-8。鳃耙18~29。下咽齿3行，1.1.3-3.1.1。鳃耙呈三角形，排列稀疏。下咽齿主行第1枚齿为光滑圆锥形，其余咽齿为臼状，齿冠具2~4道沟纹。鳔2室，前后室约等长。肠长大于体长，盘曲多次。腹膜灰白色至灰黑色。体背部灰黑色或黄褐色，体侧带金黄色，腹部银白色或浅灰色；尾鳍下叶红色，偶鳍淡红色，背鳍和尾鳍基微黑色，体侧鳞片后部有新月形黑斑。

生态习性：底栖性鱼类，喜在水体下层活动，对水域生态环境和繁殖条件有很强的适应性。杂食性。一般3~4龄性成熟，产黏性卵。

地理分布：鸭绿江水系、辽河水系、辽宁西部和辽东半岛河系及附属湖泊、水库等均有分布。在我国几乎遍布江河、湖泊、水库等水体。

经济价值：辽宁重要的大型土著经济鱼类，为捕捞、养殖的主要对象。

德国镜鲤 *Cyptinus Carpio* Linnaeus

俗　　名：框镜、框鲤

英 文 名：Scattered mirror carp

分类地位：鲤形目、鲤科、鲤属

形态特征：体形较粗壮，侧扁，头后背部明显隆起。头较小。眼较大。口亚下位，马蹄形。吻钝而圆、能伸缩。体表无鳞或少鳞，个别个体仅在各鳍基部、头后有少数较大鳞片。侧线平直。尾柄短而宽。腹膜银白色。背鳍iii（iv），最后一根硬刺为锯齿状，分枝鳍条数16～21，多数为18～19，下咽齿3行，1.1.3–3.1.1。左侧第一鳃弓外侧鳃耙数19～25，多数为21～23；须2对，吻须长为颌须长的1/2。鳔2室，前室较后室大，后室末端稍尖，呈锥状。成熟年龄：雌鱼3～4龄，雄鱼2～3龄。体色随栖息环境不同而有所变异，通常背部棕褐色，体侧和腹部浅黄。

生态习性：生态习性与鲤相同。

地理分布：1984年由联邦德国引进，经北京市水产研究所暂养后引入辽宁。

经济价值：生长快，抗病力强，含肉量高，肉质鲜美，是池塘、网箱养殖的优良品种。

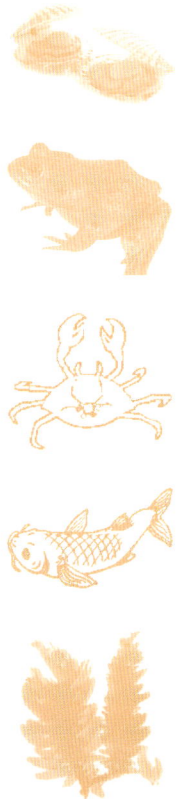

鲫 *Carassius auratus*（Linnaeus）

俗　　名：鲫鱼、鲫瓜子、鲋

英 文 名：Goldfish

日 文 名：キンブナ，ケンゴロウブナ

分类地位：鲤形目、鲤科、鲫属

形态特征：体较高，稍侧扁，腹部圆，尾柄宽短。头较小，头长小于体高。吻短，圆钝。口小，端位。无须。眼较小，位头侧上方，眼间宽且隆起。侧线平直，位于体中央。背鳍iii-15～19；臀鳍iii-5～6；胸鳍i-15～17；腹鳍i-7～8。侧线鳞27；背鳍前鳞11～14；围尾柄鳞14～16。鳃耙38～58。下咽齿1行，4-4。脊椎骨4+27～29。下咽齿第一枚近圆锥形，其余齿侧扁，齿冠具1道沟纹。鳔大，2室，后室末端尖，为前室长的1.5～1.7倍。肠长为体长的3倍左右。腹膜灰黑色。体背部灰黑色，体侧银灰色或带黄绿色，腹部白色，各鳍为灰色。

生态习性：中下层鱼类，适应力很强。杂食性。2～3龄性成熟，产黏性卵。

地理分布：分布于辽河、鸭绿江、辽西和辽东沿海诸河及附属湖泊、水库。分布广泛，除青藏高原外各水系均有分布。

经济价值：我国淡水中重要经济鱼类，分布广，产量大。

彭泽鲫 *Carassius auratus* var. Pengze

俗　　名：芦花鲫

英 文 名：Pengze crucian carp

分类地位：鲤形目、鲤科、鲫属

形态特征：体呈纺锤形。头小，吻钝。口端位，无须。背鳍ii-i-17；臀鳍iii-6；腹鳍i-8。侧线鳞30～32。背部呈深灰黑色，腹部灰白色，体侧具5～7条灰黑色芦苇状的斑纹，各鳍条呈青黑色。

生态习性：杂食性。生长速度快，比普通鲫快249%。一般2龄性成熟，产黏性卵。

地理分布：产于江西省彭泽县，属地理种群。经选育后，推广至全国各地养殖。20世纪90年代引入辽宁。

经济价值：为辽宁地区池塘、网箱养殖的主要品种，市场畅销。可出口韩国。

鳙 *Aristichthys nobilis*（Richardson）

俗　　名：花鲢、黑鲢、胖头鱼

英 文 名：Bighead carp

日 文 名：コクレン

分类地位：鲤形目、鲤科、鳙属

形态特征：体侧扁而厚，体长为体高的2.8～3.7倍。腹棱不完全，仅在腹鳍基部至肛门间有腹棱。头大，前部宽阔，头长大于体高，约为体长的1/3。吻短而圆钝。口大，端位，口裂向上倾斜，下颌稍突出。无须。眼小，位于头前侧中轴的下方。下咽齿平扁，齿冠光滑。鳃耙数多，呈叶状，排列极为紧密，但不联合。具发达的螺旋形鳃上器官。鳞小，侧线完全。背鳍iii-7；臀鳍iii-11～13；胸鳍i-8。下咽齿1行，4-4。鳔大，2室，后室为前室的1.8倍左右。肠长为体长的5倍左右。背部及体侧上半部微黑，有许多不规则的黑色斑点；腹部灰白色。

生态习性：是栖息于水体中上层的滤食性鱼类，以浮游生物为食。其食物链短，生长快，性情温和，易捕捞。一般5龄性成熟，北方地区成熟年龄晚1年，产漂流性卵。

地理分布：原产于长江水系。20世纪50年代引入辽宁。现已增养殖于全国几乎可养的所有湖泊、水库。

经济价值：著名四大家鱼之一，经济价值高。是湖泊、水库、池塘重要养殖对象。

鲢 *Hypophthalmichthys molitrix*（Cuvier *et* Valenciennes）

俗　　名：白鲢、鲢子、胖头鱼

英 文 名：Silver carp

日 文 名：レンヒー

分类地位：鲤形目、鲤科、鲢属

形态特征：体侧扁，稍高，体长为体高的2.8～3.6倍。腹部扁薄，腹棱完全。头小，大约为体长的1/4。吻短而圆钝。口宽大，端位。无须。眼小，位头侧中轴之下。眼间隔宽，稍隆起。鼻孔位置很高，在眼前缘的上方。左右鳃盖膜彼此连接而不与峡部相连。下咽齿宽而平扁，呈勺形。鳃耙彼此连成多孔膜质片。有鳃上器官。鳞小，侧线完全。背鳍iii–7；臀鳍iii–11～13；胸鳍i–16～17。下咽齿1行，4–4。鳔2室，前室长而膨大，后室锥形。肠长为体长的6～8倍。腹膜黑色。背部青灰色，体侧、腹部银灰色，背、尾鳍灰黑色，偶鳍灰白色。

生态习性：栖息于水体上中层的滤食性鱼类，主要以浮游生物为食，生长快，性活泼，能跃出水面，受惊扰后四处跳跃。4～5龄性成熟，产漂浮性卵。

地理分布：原产于长江水系，20世纪50年代引入辽宁。

经济价值：有较高的食用价值，是湖泊、水库养殖的主要品种之一，也是池塘养殖的主要搭配种类。

北方须鳅 *Barbatula barbatula nuda*（Bleeker）

俗　　名：北方条鳅、巴鳅、董氏须鳅、花泥鳅

英 文 名：Northern stone loach, Cloudy-spotted loach

分类地位：鲤形目、鳅科、须鳅属

形态特征：体长，侧扁，前部较宽。头稍平扁。吻长约等于眼后头长。前鼻孔与后鼻孔稍分开。眼较小，侧上位。口下位，唇厚；下唇在口角处有向后延伸的唇叶。上颌正常，下颌匙状。须短，外吻须伸达鼻孔之下，颌须伸达眼球中心和眼后缘之间的下方。鳞片退化，前躯常裸露，后躯被有稀疏的小鳞。侧线完全。背鳍iv-6～7；臀鳍iii-5；胸鳍i-9～11；腹鳍i-7～8。鳃耙11～13。鳔前室包于骨质囊内，后室退化，残留一很小的膜质室。体背、体侧及各鳍浅黄色，腹部灰白色，体背和体侧有许多不规则的褐色斑块。背鳍、尾鳍有褐色斑纹和斑点。

生态习性：一般栖息于清冷水体中沙石底质处。杂食性，主要食物为底栖无脊椎动物，如摇蚊幼虫、毛翅类幼虫、蜉蝣幼虫、鞘翅类幼虫，也食甲壳类动物、寡毛类和附着藻类。繁殖期4—7月。

地理分布：分布于鸭绿江、辽河、大凌河、小凌河、六股河及碧流河等。在我国分布于黑龙江、吉林、新疆北部的额尔齐斯河和乌伦古河、内蒙古东部及河北北部。

经济价值：小型食用鱼类，肉质嫩、味美。

北方花鳅 *Cobitis granoei* Rendahl

俗　　名：花泥鳅、扁担钩

英 文 名：Granoc's spined loach

分类地位：鲤形目、鳅科、花鳅属

形态特征：体细长，侧扁。眼小，位于头侧上方。口下位，马蹄形。须3对，口角须长，后伸达眼中点下方。具分叉眼下刺。体背细鳞。侧线不完全。背鳍起点位于腹鳍起点稍前上方。尾鳍截形。背鳍iii-5～7；臀鳍iii-5～6；胸鳍i-6～8；腹鳍i-5～6。脊椎骨4+40～43。背部有13～17个矩形花斑，体侧有1列13～18个褐色斑点。头部及体上侧有蠕虫形花纹或不规则斑点。背鳍和尾鳍上有3～4列灰褐色斑条。

生态习性：江河、湖泊、水库等沿岸缓流或静水浅水区底栖小型鱼类。杂食性，以底栖生物为主，也食藻类和植物碎屑。

地理分布：辽河、鸭绿江、黑龙江、松花江、嫩江、滦河等。

经济价值：数量少，有一定食用价值。

泥鳅 *Misgurnus anguillicaudatus*（Cantor）

俗　　名：泥勒勾子、鳅、鳛

英 文 名：Weatherfish，Oriental weatherfish

日 文 名：ドジョウ

分类地位：鲤形目、鳅科、泥鳅属

形态特征：体略呈圆柱状，体长为体高的5.6～8.2倍。头小。吻短。眼小，侧上位。口下位，马蹄形。须5对，口角须后伸可达前鳃盖骨。体被细鳞。峡部无鳞。侧线不完全，末端超过胸鳍末端上方。尾柄皮褶棱发达。背鳍ii-5～6；胸鳍i-5～6。纵列鳞130～165。内侧鳃耙15～18。鳔前室包于骨质囊内，后室缩小。体色变异较大，与生活环境有关。一般背部色深，腹部色浅，体上散布小斑点或缺如。尾鳍基后上侧具一黑斑；背鳍和尾鳍具不规则的小斑点。

生态习性：栖息于静水水体的底层，常见于湖汊、池塘、水沟、稻田等浅小水体。除用鳃呼吸外，尚能行肠呼吸，对水中缺氧忍耐力强。有钻泥的习性。食性杂，主要摄食小型甲壳动物、昆虫幼虫、水蚯蚓，有时也食小虾和小蚬、螺，也摄食着生藻类和植物碎屑。

地理分布：分布于我国辽河以南至澜沧江以北广大地区。

经济价值：其肉细嫩，营养价值高，为食用经济鱼类，亦为药用鱼类。不仅国内市场畅销，而且可出口日本、韩国。

大鳞副泥鳅 *Paramisgurnus dabryanus* Sauage

俗　　名：泥鳅、大鳞泥鳅

英 文 名：Dabry's weatherfish

日 文 名：カラドジョウ

分类地位：鲤形目、鳅科、副泥鳅属

形态特征：体较短、较高，稍侧扁。头短，头长小于体高。吻较尖。眼小，侧上位。口下位，马蹄形。须5对，较长，口角须后伸达前鳃盖骨后缘。鳞较大。尾柄皮褶棱非常发达。背鳍起点约在前鳃盖骨至尾鳍基部距离之中点。腹鳍起点位于背鳍第二分枝鳍条之下。尾鳍圆形。背鳍 iii-6～7；臀鳍 iii-5；胸鳍 i-8～9；腹鳍 i-5～6。侧线鳞 121～135。脊椎骨 4+40～4。体背灰褐色，腹部浅黄色，全身散布不规则的黑色麻点，背鳍和尾鳍具黑色斑点。

生态习性：底栖小型鱼类，多栖息于富含有机质的泥底浅水水域，适应力强。杂食性。2龄性成熟，产卵期6—7月。

地理分布：分布于辽河中下游。在我国还分布于松花江、海河水系中下游平原河湖、黄河中下游及附属湖泊、长江中下游及附属湖泊等。

经济价值：小型食用鱼类，肉细嫩味美。

短盖巨脂鲤 *Colossoma brachypomum* Cuvier

俗　　名：淡水白鲳

英文名：Freshwater spadefish

分类地位：鲤形目、脂鲤科、巨脂鲤属

形态特征：形似海水鲳鱼，体侧扁，椭圆形。鳍条无硬刺。背鳍18～19；臀鳍26～28；胸鳍16～18。有脂鳍。尾鳍下叶稍长于上叶。鳔为2室，后室长于前室。侧线鳞88～98，侧线前半部斜向后下方，后半部平直。上颌齿2行：外行10个，呈犬齿状；内行4个，呈槽状。鳞片细小均匀而紧密，不易脱落。体色为银灰色，胸、腹部及胸鳍、臀鳍呈红色，尾鳍边缘黑色。

生态习性：栖息于水体中下层。杂食性，以浮游生物、底栖动物为食，生长快、抗病害、耐低氧、体色美、易捕捞。生存水温12～35℃，最适水温28～32℃。可单养，亦可与其他鱼类混养。3龄性成熟，多次产卵。

地理分布：原产于南美洲亚马孙河水系，为热带和亚热带鱼类。1982年我国台湾省最先引入，1985年引入广东省，1987年人工繁殖获得成功，此后在全国各地养殖。

经济价值：食用和观赏兼用经济鱼类，是电厂余热水和温泉水养殖的主要种类之一。

斑点叉尾鮰 *Ictalurus punctatus* (Rafinessque)

俗　　名：沟鲶、美国鮰鱼

英 文 名：Channel catfish

日 文 名：チャネル・キャット

分类地位：鲇形目、叉尾鮰科、叉尾鮰属

形态特征：体形较长，前部较宽肥，后部稍细长。体表光滑无鳞，黏液丰富，侧线完全，皮肤上有明显的侧线孔。头部较小，吻稍尖，口亚端位，口裂较小。上下颌具深灰色触须4对，其中鼻须1对，颌须1对，颐须2对，长短各异，以颌须为最长，鼻须最短。鳃孔较大。具一脂鳍，尾鳍分叉较深。体两侧背部淡灰色，腹部银白色，各鳍均为深灰色。幼鱼体两侧有明显而不规则的斑点，成鱼斑点逐步不明显或消失。

生态习性：栖息于天然水域的底层。性较温顺，喜集群，易捕捞。杂食性，在天然水体中，主要摄食底栖生物、小杂鱼、虾类、水生昆虫、浮游动物、大型藻类等。在人工养殖条件下，也摄食配合饲料。4龄性成熟。筑巢产卵。

地理分布：原产于北美洲，是一种大型淡水鱼类，20世纪80年代引入我国。

经济价值：名贵的淡水经济鱼类。个体较大，产肉率高，肉质细嫩，味道鲜美，非常适合加工成欧美市场畅销的鱼片出口。

黄颡鱼 *Pelteobagrus fulvidraco*（Richardson）

俗　　名：嘎鱼、嘎牙子、草牯、黄龙、甲甲

英 文 名：Cuttailed bullhead，Yellow catfish

日 文 名：コウライギギ

分类地位：鲇形目、鲿科、黄颡鱼属

形态特征：体长，后部稍侧扁，腹部平坦。头大而扁平。眼较小，位于头侧。口下位，口裂宽大，弧形。颌齿及腭齿绒毛状，排列呈带状。前后鼻孔相距较远，前鼻孔呈短管状。须4对。鳃孔大。背鳍 II-6~7，骨质硬刺前缘光滑，后缘具细锯齿；臀鳍 IV~VI-14~17，其骨质硬刺前缘锯齿细小而多，后缘锯齿粗壮而少。胸鳍 I-5~7；腹鳍 i-5~6。鳃耙15~16。尾鳍深分叉。鳔1室，心形。体背部黑褐色，至腹部渐呈浅黄色。沿侧线上下各有一狭窄的黄色横带，腹鳍与臀鳍上方各有一黄色横带，交错形成断续的暗色纵斑块。尾鳍上下叶各有一暗色纵条纹。

生态习性：多栖息于水流缓慢、水生植物繁生的底层，白天少活动，夜间觅食。杂食性偏肉食性，食谱较广。辽宁地区3~4龄性成熟，产黏性卵。

地理分布：分布于辽河、鸭绿江、大凌河、六股河、大洋河、复州河等水域。在我国除西部高原及新疆外，广泛分布于各水系。

经济价值：名贵经济鱼类，肉细嫩、味美，营养丰富。随着人工育苗和池塘养殖的成功，池塘养殖已达规模产业化。

乌苏拟鲿 *Pseudobagrus ussuriensis*（Dybowski）

俗　　名：黄昂子、牛尾巴

英 文 名：Ussuri bullhead，Ussuri bagrid catfish

日 文 名：ウスリイノシシギギ

分类地位：鲇形目、鲿科、拟鲿属

形态特征：体修长，前部粗圆，后部侧扁。头纵扁，头顶有皮膜覆盖。口下位，横裂状。上下颌具绒毛状细齿，形成齿带；腭骨齿带呈新月形。须4对，鼻须后伸达眼后缘，颌须后端接近胸鳍起点。外侧颌须后伸超过眼后缘。鳃盖膜不与鳃峡相连。背鳍 I –6～8，硬棘前缘光滑，后缘具弱锯齿；臀鳍 iii–14～17；胸鳍 I –6～8， 胸鳍棘前缘光滑，后缘具强锯齿；腹鳍 i–5。鳃耙 10～13。脊椎骨 45～46。脂鳍长于臀鳍，后缘游离。体背部和体侧灰黄色，腹部色浅。

生态习性：生活于江河缓流处的底栖性鱼类。动物食性。4～5龄性成熟，产卵时掘穴，雄鱼护卵。

地理分布：分布于辽河中下游及东部山区支流、辽东半岛碧流河、英那河等。在我国还分布于黑龙江、松花江、嫩江、乌苏里江、兴凯湖、海河水系、黄河水系和长江水系及一些附属湖泊。

经济价值：肉质细嫩，含脂量高，有很高的经济价值。

怀头鲇 *Silurus soldatovi* Niholsky *et* Soin

俗　　名： 苏氏六须鲇、东北大口鲇、怀头鱼、怀子

英 文 名： Soldatov's catfish, Northern sheatfish, Machutian six–bat–bel–catfish

日 文 名： アムールオオナマズ

分类地位： 鲇形目、鲇科、鲇属

形态特征： 体延长，前部纵扁，后部侧扁。头宽且纵扁。口大，次上位，口裂后端达眼后缘垂直下方。下颌突出于上颌，颌齿显露。上下颌及犁骨均具尖细齿，形成弧形宽齿带。眼小，侧上位，位于头的前部。须3对（成体）。鳃孔大。背鳍i-4～5；臀鳍i-84～89；胸鳍I-12～13；尾鳍17～18。鳃耙14～15。活体背部褐色，体侧灰色，腹部灰白色。体侧有不规则的暗色斑。各鳍色暗。

生态习性： 喜栖于江河及其各支流缓流处的凶猛肉食性鱼类，主要食物为鱼类，还吞食青蛙和水鸭。4龄性成熟。产黏性卵。

地理分布： 主要分布于黑龙江、松花江、乌苏里江、嫩江、辽河中下游等江河中。在我国还见于海河。

经济价值： 大型经济鱼类。20世纪80年代后，随着人工繁殖的成功，已成为池塘养殖的主要种类之一。

鲇 *Silurus asotus* Linnaeus

俗　　名：鲇鱼、鲇巴郎、鲇拐子

英 文 名：Amur catfish, Oriental sheatfish

日 文 名：ナマズ

分类地位：鲇形目、鲇科、鲇属

形态特征：体延长，前部平扁，后部侧扁。头中大，宽大于头高。口大，次上位，口裂呈浅弧形，伸达眼前缘垂直下方。唇厚，上唇沟和下唇沟明显，唇后沟中断。下颌突出于上颌。上下颌具绒毛状细齿，形成弧形宽齿带。眼小，侧上位，为皮膜覆盖。前后鼻孔相距较远，前鼻孔短管状，后鼻孔圆形。颌须较长，后伸达胸鳍基后上方；颏须短。鳃孔大，鳃盖膜不与鳃峡相连。体裸露无鳞。侧线完全。背鳍i-4～6；臀鳍68～91；胸鳍Ⅰ-10～13；腹鳍i-8～13。鳃耙9～13。体背部为黄褐色或灰绿色，体侧色浅，具不规则云斑块，腹部灰白色，各鳍均为灰色。

生态习性：生活于江河缓流处或湖泊、水库多水草泥质底层。肉食性，幼鱼以小虾、昆虫幼虫为食，成鱼多以鱼为食。3龄性成熟。卵黏性。

地理分布：分布于辽河、鸭绿江水系及附属湖泊、水库，辽东、辽西沿海诸河。在我国还广泛分布于除青藏高原和新疆以外的各水系。

经济价值：经济鱼类，有一定天然捕捞产量。生长较快、肉嫩、刺少。辽宁地区池塘养殖较为普遍，单产较高。

扁颌针鱼 *Ablennes anastomella*（Cuvier *et* Valenciennes）

俗　　名：针良鱼、良鱼

英 文 名：Pacific needlefish

日 文 名：ダツ

分类地位：颌针鱼目、颌针鱼科、扁颌针鱼属

形态特征：体细长，侧扁，躯干部背腹缘近于平直，尾部向后逐渐变细，尾柄部显著侧扁。吻特别突出，呈细长的喙状。眼中等大，圆形，侧高位。鼻孔2个，较大，三角形。口裂长。上下颌均延长，下颌稍长于上颌。两颌具细小尖锐的细齿，呈带状排列。无鳃耙。体被细小圆鳞，易脱落。侧线位低，近腹缘。背鳍位于尾部臀鳍上方。臀鳍长于背鳍，与背鳍同形。胸鳍较小，位置较高。尾鳍截形，略凹。体侧背部浓青绿色，腹部银白色。背侧及中央自鳃盖后缘至尾鳍前方有一窄的黑色纵带。背鳍、臀鳍及胸鳍的长鳍条末端为灰黑色，基部无色。尾鳍末端及凹处淡黑色。骨内含有胆绿素，故骨骼呈绿色，属正常现象。

生态习性：生活于浅海、河口，有时进入淡水，为暖温性近海上层食肉性鱼类。

地理分布：分布于辽宁沿海及我国渤海、黄海、东海。国外见于日本、朝鲜。

经济价值：夏季产量较高，肉味较好。

鱵 *Hemirhamphus sajori* Temminck *et* Schlegel

俗　　名：针鱼、大棒

英 文 名：Halfbeak

日 文 名：サヨリ

分类地位：颌针鱼目、鱵科、鱵属

形态特征：体细长，略呈圆柱形，背、腹缘微隆起，背鳍与臀鳍基部向后渐细。头长，顶部及两侧平坦，近腹部变窄。眼较大，位于头上侧。鼻孔大，位于眼的前方。口中等大。上颌三角形，较薄呈片状，下颌延长呈一扁平针状喙。齿细小。鳃孔宽。具薄圆鳞，易脱落。侧线位低，近腹缘。背鳍1个，位于体后部，与臀鳍相对。臀鳍与背鳍同形。胸鳍短宽。腹鳍小，腹位。尾鳍叉形。体背面青绿色，腹部银白色。体侧胸鳍上缘至尾基有一银灰色纵带。下颌尖端有一红点或一条红线。骨内含有胆绿素，故骨骼呈绿色，属正常现象。

生态习性：生活于近岸浅海。游泳敏捷，常跃出水面逃避敌害。5—8月中旬产卵，有时会进入河口或淡水中产卵。

地理分布：分布于辽宁沿海及我国河北、山东沿海。国外见于朝鲜、日本。

经济价值：沿海常见，通常烤、炸吃。

大头鳕 *Gadus macrocephalus* Tilesius

俗　　名：大头鱼、大头腥、大口

英 文 名：Pacific cod

日 文 名：マダラ

分类地位：鳕形目、鳕科、鳕属

形态特征：体延长，稍侧扁，尾部向后渐细小。头大。吻长。眼大，上侧位。口大，端位。上颌突出；下颌具一颏须。两颌及犁骨均有绒毛状齿。舌厚，前端圆形，游离。鳃孔宽大。体被小圆鳞，侧线鳞不显著。背鳍3个，第一背鳍始于胸鳍基的后上方，第二背鳍始于肛门后上方，第三背鳍后端不伸达尾鳍基底。臀鳍两个，分别与第二、第三背鳍相对。胸鳍短，镰状。腹鳍始于胸鳍基底前方。尾鳍后缘凹入。各鳍均无硬棘。体背及上侧面灰褐色，有很多的不规则的棕色和黄色斑纹，下侧及腹面灰白色。各鳍淡灰色，背鳍、臀鳍和尾鳍边缘白色。体腔大，腹膜黑色。幽门盲囊小且多。肝大，分为3叶。

生态习性：为冷水性底层鱼类，适温6～8℃。1—2月生殖鱼群由外海游向近岸产卵，其他季节分布于较深水域。2龄鱼性成熟。幼鱼以桡足类、端足类及小型甲壳类为主要食物，成鱼则以小型鱼类及无脊椎动物为食。

地理分布：分布于辽宁黄海北部及我国渤海、黄海、东海北部。国外见于朝鲜、日本、美洲西岸。

经济价值：为黄海、渤海主要经济鱼类，生长速度快，肝内脂肪丰富。

海龙 *Syngnathus acus* Linnaeus

俗　　名：吹火筒、杨枝鱼、海龙

英 文 名：Greater pipefish

分类地位：刺鱼目、海龙科、海龙属

形态特征：体细长，躯干部七棱形，尾部四棱形。吻呈细长管状，鼻孔每侧2个，较小，相距近。口前位，小，无齿。鳃孔很小，在鳃盖后上角。无鳞，体具骨环，对称排列。背鳍较长，起点在第一尾环上。臀鳍很小，在肛门后方。胸鳍扇形，在鳃盖后。尾鳍圆形。体灰褐色，腹部淡黄色。臀鳍鳍条上的鳍膜有黑色素。尾鳍黑色。

生态习性：为生活于近海的常见鱼类。5月繁殖，卵产于雄性腹部育儿囊中。

地理分布：分布于辽宁沿海及我国渤海、黄海、南海。国外见于日本、菲律宾、印度、非洲东岸。

经济价值：沿海常见，无食用价值，但其干品可作为中药材，具有强身、补肾、消炎、止痛等功效。

日本海马 *Hippocampus japonicus* Kaup

俗　　名：海马

英 文 名：Japanese seahorse

分类地位：刺鱼目、海龙科、海马属

形态特征：体侧扁，七棱形；腹部呈弧状突起；背部棱棘较发达；尾部四棱形。吻短管状。眼上侧位。口前位，小。无齿。鳃孔小孔状，位于鳃盖后上方。鳃盖骨突起。无鳞，体具骨环。背鳍1个，位于最后两体环及第一尾环处。臀鳍很小，紧靠肛门之后。胸鳍位于鳃盖后。无腹鳍及尾鳍。体暗褐色或黑褐色。

生态习性：近海常见小型海马。常靠背鳍扇动作垂直游泳，尾部则缓缓摆动，常挂附于海藻等附着物上。

地理分布：分布于辽东湾及我国沿海。国外见于朝鲜、日本。

经济价值：沿海常见，无食用价值，但其干品可作为中药材，具有强身、补肾、消炎、止痛等功效。

黄鳝 *Monopterus albus*（Zuiew）

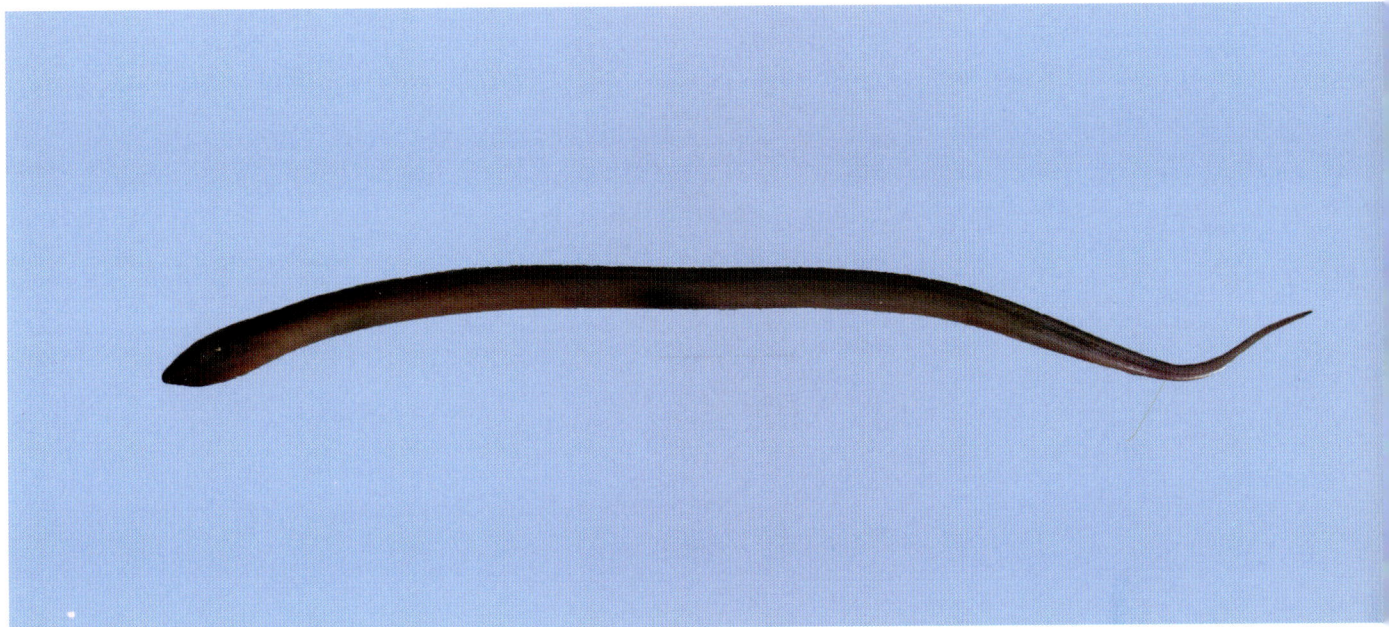

俗　　名：鳝鱼、血鳝

英 文 名：Swamp eel，White ricefield eel

日 文 名：タウナギ，ヵワヘビ

分类地位：合鳃目、合鳃鱼科、黄鳝属

形态特征：体长，鳗形，前部略呈圆筒形，向后渐细，尾端尖。头大，咽部常膨大。吻长，呈锥状。眼小，上侧位，为皮膜所覆盖，边缘不游离。口大，前位，口裂超过眼后缘。上颌突出于下颌。唇褶发达。上下颌骨及腭骨具细齿。鳃孔小，左右鳃孔与腹面相连，呈倒"V"字形。鳃盖膜与峡部相连。鳃耙4枚，前3枚退化。体光滑无鳞。侧线明显，纵贯体侧中部。背鳍与臀鳍退化，形成皮褶并与尾鳍相连，无鳍条。无胸鳍和腹鳍。尾鳍细小而尖。背部黄褐色或微黄色，腹部淡黄色，全身散布不规则暗色斑点。

生态习性：底栖鱼类，喜栖于河道、湖泊、沟渠和稻田中，白天藏在浑浊泥质水底的洞穴中或堤岸的缝隙中，夜间外出觅食。肉食性。2~4龄性成熟。

地理分布：分布于辽河中下游、鸭绿江下游及附属小水体、稻田沟渠中。在我国除青藏高原外各水体均有分布。

经济价值：为重要食用鱼，营养丰富，味美，不仅国内市场热销，亦出口创汇。现在不少省区人工养殖，人工繁殖苗种已获得成功。

鲻 *Mugil cephalus* Linnaeus

俗　　名：白眼，青眼鲮

英 文 名：Striped mullet

日 文 名：ボラ

分类地位：鲻形目、鲻科、鲻属

形态特征：体延长，后部稍侧扁。头部上宽下窄。吻宽短。眼侧位，脂眼睑发达。鼻孔每侧2个，前鼻孔小，圆形；后鼻孔大，椭圆形。口前下位，略呈"人"字形。下颌前端中央有一突起与上颌相对的缺刻吻合。上下颌有绒毛状齿。舌长圆形，无齿。鳃孔大。鳃耙密而长。体被栉鳞，大。头部和鳍条均被圆鳞。第一背鳍基部两侧各有一尖长三角形鳞；胸鳍基部上缘有一长圆形鳞；腹鳍外侧及两腹鳍间各有一尖长三角形鳞。无侧线。背鳍2个。臀鳍起点稍前于第二背鳍起点。胸鳍位高。左右腹鳍相距较近。尾鳍叉形。体背青黑色，腹部白色。体侧上半部有几条青黑色纵带。各鳍浅灰色。胸鳍基部有一黑色斑块。

生态习性：沿海及河口水域常见的经济鱼类，为广盐性、广温性经济鱼类。游泳敏捷，夏季能跃出水面1m。最大体重可达4~5kg。

地理分布：分布于辽宁沿海及我国沿海。世界各地沿海均有分布。

经济价值：沿海常见食用鱼类。

鮻 *Liza haematocheila*（Temminck *et* Schlegel）

俗　　名：红眼、梭鱼、黄眼梭

英 文 名：Soiuy，Redeye mullet

日 文 名：メナダ

分类地位：鲻形目、鲻科、鮻属

形态特征：体延长，前端尖小，后部稍侧扁。头短小而宽，背部扁平。眼小，脂眼睑不发达，仅分布在眼的边缘。鼻孔每侧2个，前鼻孔小，圆形；后鼻孔大，椭圆形。口前下位，小。上颌中央有一缺刻与下颌中央突起吻合。上颌齿细弱，下颌无齿。舌小，圆形，前端不游离，有绒毛状细齿。鳃孔大。鳃耙密而长。体被栉鳞，大。头部为圆鳞。背鳍2个。臀鳍起点位于第二背鳍前下方。腹鳍互相靠近。尾鳍浅叉状。体背青灰色，腹部白色。体侧上部有几条青灰色纵纹，还有许多斜横纹，底白色，各鳍浅灰色。

生态习性：生活于浅海和河口，是常见的广盐性、广温性经济鱼类。初春晚秋常集群，游动缓慢；夏季分散，游动迅速，常跳出水面，不易捕获。4月下旬至5月生殖。幼鱼常溯河而上。

地理分布：分布于辽宁沿海及我国沿海。国外见于朝鲜、日本。

经济价值：沿海常见重要经济鱼类。

中国花鲈 *Lateolabrax maculatus* McClelland

俗　　名：鲈子鱼

英 文 名：Chinese sea perch

日 文 名：タイリクスズキ

分类地位：鲈形目、鮨科、花鲈属

形态特征：体延长，侧扁。吻较尖。眼中等大，上侧位。鼻孔圆形。口大，倾斜，下颌长于上颌。上下颌、犁骨和腭骨均具绒毛状齿带，舌无齿。鳃孔大。鳃耙细长。体被栉鳞，头部除吻端及两颌外皆被鳞。侧线完全。背鳍2个，基部相连；鳍棘粗壮。臀鳍第一鳍棘短小，第二鳍棘粗壮。胸鳍短，低位。腹鳍位于胸鳍基下方。尾鳍叉形。体背部暗绿色，腹部白色。体侧和背鳍上有许多黑色斑点，随个体长大体侧的黑斑逐渐消失，第二背鳍黑斑增多。各鳍颜色灰暗，背鳍鳍条部及尾鳍边缘黑色。

生态习性：温水性近海底层鱼类，对盐度耐受能力强，可在淡水中生活。常结成小群活动，不作长距离洄游，仅随季节变化在近岸浅水。性凶猛，以鱼类和虾类为主要食物。

地理分布：栖息于辽东湾及国内其他海域，国外见于日本、朝鲜。

经济价值：沿海重要的经济鱼类，个体大，肉质好，现已进行大规模人工养殖。

斑鳜 *Siniperca scherzeri* Steindachner

俗　　名：鳌花、花鲫子

英 文 名：Spotted mandarinfish

日 文 名：コウライケツギョ

分类地位：鲈形目、鮨科、鳜属

形态特征：体延长，侧扁，略呈纺锤形。头侧呈锥形，头长显著大于体高。吻尖。口大，次上位，下颌突出。上颌前端和下颌两端的部分齿扩大呈犬齿状，有的下颌犬齿成对并生。舌狭长，前端近圆形，游离。前鳃盖骨后缘具细齿；鳃盖骨后缘具两扁平锯齿。体被小圆鳞。侧线完全，近体背部。背鳍Ⅻ-12～13；臀鳍Ⅲ-8～9；胸鳍15～16；腹鳍Ⅰ-5。侧线鳞88～116。鳃耙5～6。幽门盲囊54～82。脊椎骨26～27。体黄褐色或灰褐色，腹部灰黄色或灰白色，体侧散布大小不等的黑色斑点及环斑。背鳍、尾鳍和臀鳍上有黑色小斑点，呈带状排列。

生态习性：栖息于中下层，喜藏身于石缝、砾石中。肉食性，主要摄食小鱼和虾类，也食水生昆虫及其幼虫，偶尔也食小蛙和蝌蚪。白天多卧穴潜伏，夜间觅食。2～3龄性成熟，卵圆形，灰黄色，有油球，浮性。

地理分布：分布于鸭绿江、太子河、大洋河、英那河、碧流河。在我国除西北地区、青藏高原及台湾、海南岛外，长江至珠江各水系均有分布。

经济价值：名贵经济鱼类，刺少、味美，营养丰富，经济价值高。目前人工繁育苗种，池塘、网箱养殖已获成功。

多鳞鱚 *Sillago sihama*（Forskål）

俗　　名：船钉鱼、丁鱼

英 文 名：Silver sillago

日 文 名：モトギス

分类地位：鲈形目、鱚科、鱚属

形态特征：体延长，近圆柱状。尾柄短粗，侧扁。头较长，前端钝尖。吻长而钝尖。眼大，侧位。眼间隔宽平。鼻孔2个，圆形，大小几乎相等。口小，亚下位。上颌稍长于下颌。犁骨齿细小，排列成马蹄状；腭骨及舌面无齿。鳃孔中等大。鳃耙短小。体被薄栉鳞。侧线完全，在胸鳍上方稍弯曲。背鳍2个，稍分离。臀鳍具两鳍棘；与第二背鳍同形，起点稍后于第二背鳍。胸鳍中等大。腹鳍位于胸鳍基稍后下方。尾鳍后缘微凹。体背浅灰色，腹部呈乳白色，各鳍均为浅灰色。

生态习性：为沿岸小型鱼类。分布较广，有时进入河口。在近海底拖网与定置网具渔获物中常能见到，但产量不多。

地理分布：分布于辽宁沿海及我国其他海区。国外见于朝鲜、日本、菲律宾、印度尼西亚。

经济价值：沿海常见小型鱼类，通常炸吃，肉味较鲜美。

黄条鰤 *Seriola aureovittata* Temminck *et* Schlegel

俗　　名：黄尖牛

英 文 名：Goldstriped amberjack

日 文 名：ヒラマサ

分类地位：鲈形目、鲹科、鰤属

形态特征：体呈纺锤形；尾柄短小，两侧各有一隆起脊。头长小于体高。眼侧位，脂眼睑不发达，鼻孔小，每侧2个，长形，很接近。口端位。上下颌、犁骨、腭骨和舌面有绒毛状齿及尖细齿。鳃孔大。鳃耙细长。体被小圆鳞。第二背鳍中部之前的侧线向上稍呈波纹状弧形弯曲，其余部分呈直线向后延伸。背鳍2个，第一背鳍短小。臀鳍形状似第二背鳍，但较短；前方两游离棘短而硬。胸鳍宽短。腹鳍较长。尾鳍分叉。背部呈亮青蓝色，腹部灰白色。从吻部经眼至尾柄有一黄色纵带。腹鳍黄色。其余各鳍棕色，边缘黄色。

生态习性：洄游性中上层经济鱼类。鱼群小，产量少。主要以鳀和鳞为食。产卵期在5—6月。生长很快，8月中旬当年生幼鱼重约50g，9月中旬重250g左右。喜栖息在漂浮物的阴影下，故用阴凉网围捕。10月水温下降，鱼群南移。

地理分布：分布于我国渤海、黄海。国外见于朝鲜、日本。

经济价值：重要食用鱼类，以生食肉味最为鲜美。

黄姑鱼 *Nibea albiflora*（Richardson）

俗　　名：铜罗鱼

英 文 名：Yellow drum

日 文 名：コイチ

分类地位：鲈形目、石首鱼科、黄姑鱼属

形态特征：体延长，侧扁。头中大。吻短，吻端小孔4个。眼中大，上侧位。前鼻孔小，圆形；后鼻孔大，长圆形。口中大，斜裂，上颌稍长于下颌。上颌外侧齿稍大，锥形，内侧齿绒毛状；下颌内侧齿较大；犁骨和腭骨无齿。舌发达。颏部具5小孔。具假鳃。鳃耙细长。侧线发达。背鳍连续，鳍棘部和鳍条部之间有一深凹。臀鳍起点与背鳍鳍条部中央相对。胸鳍尖长，大于腹鳍。尾鳍楔形。鳔大。耳石大，椭圆形。背侧面灰橙色，腹面银白色。体两侧有许多黑褐色波状条纹，斜向前下方。背鳍每鳍条基部有一黑色小点。胸鳍、腹鳍和臀鳍淡橙色。

生态习性：为温水性近海中下层鱼类。具有发声能力，生殖期间叫声很大。越冬场在东海北部；春季分别向渤海、黄海北部等沿岸作生殖洄游，5—7月产卵。成鱼主要摄食小型鱼类、虾类和双壳类；幼鱼主要摄食小型虾类、幼鱼和多毛类。

地理分布：分布于辽宁沿海及我国沿海。国外见于朝鲜、日本。

经济价值：沿海重要经济鱼类。

鮸 *Miichthys miiuy*（Basilewsky）

俗　　名：敏子

英 文 名：Chinese drum

日 文 名：ホンニベ

分类地位：鲈形目、石首鱼科、鮸属

形态特征：体延长，侧扁。头中大，略侧扁，稍尖突。吻短。眼中大，上侧位。前鼻孔小，圆形；后鼻孔大，长形。口大，前位，斜裂。上颌略长于下颌。舌发达，游离。颏部具小孔4个，前方2孔细小，后方2孔裂缝状。鳃孔大。具假鳃。鳃耙细长。体被栉鳞，吻、鳃盖及各鳍基部被小圆鳞，背部鳍条部、臀鳍约1/2亦被小圆鳞。背鳍连续，鳍棘部和鳍条部之间有一深凹。臀鳍起点与背鳍鳍条部中央相对。胸鳍尖形，较腹鳍长。尾鳍楔形。鳔大，圆锥形。耳石长圆形。背部和侧部灰褐色略带紫色，腹部白色。背鳍鳍棘暗绿色，鳍条部中央有一纵行暗色条纹。其余各鳍暗灰色。

生态习性：为温水性近海中下层鱼类。喜栖泥或泥沙底质海区。不作长距离洄游，仅随季节变化在沿岸浅水和离岸相对深水区之间移动。4—10月在辽宁沿岸水域常见。生殖期在8—9月。性凶猛，食量大，以鱼虾类为主要食物。栖息分散。

地理分布：分布于辽宁沿海及我国沿海。国外见于朝鲜、日本。

经济价值：肉质好，个体大，系优质经济鱼类。

小黄鱼 *Pseudosciaena polyactis* Bleeker

俗　　名：黄花鱼、小黄花

英 文 名：Small yellow croaker

日 文 名：キグチ

分类地位：鲈形目、石首鱼科、黄鱼属

形态特征：体延长，侧扁，尾柄细长。头大，钝尖；具发达黏液腔。吻短，吻上具4孔。眼中大，上侧位。前鼻孔小，圆形；后鼻孔大，裂缝状。口大，前位，斜裂。齿细小，尖锐；犁骨、腭骨上均无齿。舌游离。颏部具小孔6个，细小。鳃孔大。假鳃发达。鳃耙细长。头部和体前部被圆鳞，体后部被栉鳞。侧线发达。背鳍连续，鳍棘部与鳍条部之间有一深凹。臀鳍具2鳍棘。胸鳍尖长。尾鳍尖长。鳔大。耳石大。体背面和上侧面暗褐色或黄褐色，腹面和下侧面金黄色。唇橘红色。各鳍灰黄色。

生态习性：温水性中下层洄游性鱼类。辽宁沿海的小黄鱼5月中旬产卵，生殖期持续至5月末。幼鱼主要摄食桡足类等小型浮游甲壳动物、箭虫和鱼、虾幼体；成鱼饵料主要为底栖甲壳类和小型鱼类。

地理分布：分布于辽宁沿海及我国渤海、黄海、东海。国外见于朝鲜。

经济价值：小黄鱼曾是辽宁沿海的重要经济鱼类，肉味鲜美，深受人们喜爱。目前资源衰减，个体也明显小型化。

棘头梅童鱼 *Collichthys lucidus*（Richardson）

俗　　名：大头宝

英 文 名：Spinyhead croaker

日 文 名：カンダリ

分类地位：鲈形目、石首鱼科、梅童鱼属

形态特征：体延长，侧扁，尾柄细长。头大，圆钝，额骨隆起，黏液腔发达。枕骨棘棱显著。吻短，圆钝。眼小，上侧位。前鼻孔圆形；后鼻孔裂缝状。口端位。上颌齿细尖，排列成带状；下颌外行齿稍大；腭骨和犁骨无齿。舌发达，游离。颏部具小孔2个。鳃孔大，具假鳃。鳃耙细长。体被薄圆鳞，极易脱落。侧线发达，略呈弧形。背鳍连续，鳍棘细弱，鳍棘部和鳍条部之间有一深凹。臀鳍具两鳍棘，细弱。胸鳍尖长，超过腹鳍末端。腹鳍起点在胸鳍基部下方稍后。尾鳍尖形。鳔大，亚圆筒形。耳石前缘宽圆，后缘窄尖。背侧面灰黄色，腹侧面金黄色。背鳍鳍棘部边缘及尾鳍末端黑色。其余各鳍均为淡黄色。

生态习性：温水性近海中下层鱼类。不作长距离洄游，几乎终年生活于沿岸水域，仅冬季向相对深水区移动。产卵期在4月，产卵后分散索饵。饵料主要为小型虾类，其次为小鱼。

地理分布：分布于辽宁沿海及我国其他海区。国外见于朝鲜、日本、菲律宾。

经济价值：肉质细嫩味美，是制罐头食品的良好原料。数量较多。

083

真鲷 *Pagrus major*（Temminck *et* Schlegel）

俗　　名：加吉鱼、红加吉

英 文 名：Red sea bream

日 文 名：マダイ

分类地位：鲈形目、鲷科、真鲷属

形态特征：体呈卵圆形，侧扁。头中等大，前端钝。眼中等大，侧上位。鼻孔每侧2个，前鼻孔小，圆形；后鼻孔大，长椭圆形。口小，端位。上颌前端具大型犬齿4个，两侧具臼齿两列；下颌前端有6枚犬齿，两侧为臼齿两列；犁骨、腭骨及舌上均无齿。鳃耙短小。鳞片中等大，弱栉鳞。侧线完全，弧形。背鳍1个，鳍棘部与鳍条部相连，鳍棘强大。臀鳍较短，第二鳍棘粗壮。胸鳍位低，尖形。腹鳍较小，胸位。尾鳍叉形。幽门盲囊4个。体为淡红色，稍带有绿色光泽，在侧线背部散布着不规则的宝石蓝色小点。幼鱼斑点非常明显，且体侧有5条深色纵线，随之长大，线纹逐渐变黑，后来呈暗红色。背部颜色较深，愈往下方愈淡，腹鳍边缘黑色，尾鳍末端有一窄黑色边。

生态习性：暖温性底层鱼类。产卵期为5月，产卵后鱼群向深水游散，10月后水温下降，在黄海南部越冬。主要摄食底栖动物，如瓣鳃类、海胆类、小鱼、头足类等。

地理分布：分布于我国渤海、黄海、东海、南海。国外见于日本。

经济价值：珍贵的食用鱼类，肉味鲜美，经济价值高。现已开展大规模人工养殖。

黑鲷 *Sparus macrocephalus* (Basilewsky)

俗　　名：黑加吉、海鲋

英 文 名：Black porgy

日 文 名：クロダイ

分类地位：鲈形目、鲷科、鲷属

形态特征：体呈长椭圆形，侧扁。头中等大，吻较短。眼中等大。鼻孔每侧2个，前鼻孔小，圆形；后鼻孔较大，裂缝状。口中等大，端位。上下颌前端具犬状齿6枚，上颌每侧齿4行，最外行前面有8枚尖锥状齿和3枚臼齿，内3行全为臼齿；下颌每侧齿3行，由臼齿组成；犁骨、腭骨及舌上无齿。鳃耙甚短。体被中等大，弱栉鳞。侧线完全，弧形。背鳍1个，鳍基部与鳍条部相连，中间无缺刻，鳍棘强大。臀鳍第一鳍棘特别细小；第二鳍棘最强大。胸鳍位低，长而尖。腹鳍较小。尾鳍叉形。幽门盲囊4个。生活时体青灰色，带金属光泽，腹部从肛门至吻端为白色，胸鳍浅灰色，其他各鳍边缘为黑色。幼体为浅灰色，体侧有6～8条深色横条纹，除胸鳍外，其他各鳍均为黑色。

生态习性：暖温性中下层鱼类，喜栖泥沙底和多岩礁的海区，一般不作远距离洄游。主要摄食小鱼、小虾及贝类、环节动物。有雌雄同体现象。

地理分布：分布于我国黄海、渤海、东海、南海。国外见于朝鲜、日本。

经济价值：珍贵的食用鱼类，肉味鲜美，经济价值高，现已开展大规模人工养殖。

云鳚 *Enedrias nebulosus*（Temminck *et* Schlegel）

俗　　名：高粱叶（成鱼）、面条鱼、萝卜丝（幼鱼）

英 文 名：Cloudy benny

日 文 名：ギンポ

分类地位：鲈形目、锦鳚科、云鳚属

形态特征：体低而延长，侧扁，似带状。头短小，侧扁。吻短，长约与眼径相等。眼小，上侧位。鼻孔小。口小，端位，口裂向上方倾斜。上颌略长于下颌。犁骨具细齿。鳃孔大。具假鳃。头、体均被小圆鳞。无侧线。背鳍1个，低而长，全由鳍棘组成，后端与尾鳍相连。臀鳍亦低而长，后端亦与尾鳍相连。胸鳍短而圆，其长不及头长的1/2。腹鳍退化，短小，喉位。尾鳍短而圆。体色常随环境而异，一般呈棕褐色，腹部色淡而略黄。背部和背鳍鳍膜顶端间约有20条白色垂直细横纹，将背缘和背鳍间隔成块状斑。体侧斑纹呈云状。胸鳍、尾鳍淡褐色，臀鳍灰白色。

生态习性：常年生活于近岸礁石、海藻和石砾间的小鱼，分布范围较狭。幼鱼也称"面条鱼"，当幼鱼出现色素后称"萝卜丝"，常和方氏云鳚幼鱼同时出现于大连近海，但数量很少。成鱼不集群。

地理分布：分布于辽宁沿海及我国黄海、渤海。国外见于朝鲜、日本。

经济价值：个体小、产量低，经济价值不大。

方氏云鳚 *Enedrias fangi* Wang *et* Wang

俗　　名：高粱叶（成鱼）、面条鱼、萝卜丝（幼鱼）

英 文 名：Fang's blenny

分类地位：鲈形目、锦鳚科、云鳚属

形态特征：体延长，侧扁，呈带状。头短小，侧扁。吻短，长度小于眼径。眼小，上侧位。鼻孔小，具管状突起。口小，端位，口裂稍向上倾斜。下颌略长于上颌或相等。齿短粗，犁骨具细齿。鳃孔大。具假鳃。头、体均被小圆鳞。无侧线。背鳍1个，低而长，均由鳍棘组成，末端与尾鳍基相连。臀鳍亦低长，末端与尾鳍基相连。胸鳍长圆形，其长约为头长的2/3。腹鳍喉位，短小。尾鳍圆形。体棕褐色，腹部色淡。背上缘和背鳍有13~14条白色垂直细横纹。体侧有云状褐色斑块。胸鳍、背鳍、尾鳍棕色，臀鳍色较淡。

生态习性：生活于近海底层的小鱼。成鱼体长一般10cm左右。其幼鱼喜集群，3月中旬幼鱼陆续靠近沿岸，此时鱼体半透明，俗称"面条鱼"，味鲜美；至4月下旬，体侧出现黑色素；5月中旬体呈微黄色，这种具有色素的幼鱼俗称"萝卜丝"，味较前为差。其成鱼不集群。

地理分布：分布于辽宁沿海及我国黄海、渤海。

经济价值：幼鱼加工后为"面条鱼"，味鲜美。成鱼食用价值不大，多作为养殖其他经济鱼类的饵料鱼。

缝鳚 *Azuma emmnion* Jordan *et* Snyder

俗　　名：小姐鱼

英 文 名：Tassel blenny

日 文 名：フサギンポ

分类地位：鲈形目、线鳚科、缝鳚属

形态特征：体狭长，侧扁。头小，短而侧扁。吻短而高，前端圆钝。眼中等大，上侧位。鼻孔2个，前鼻孔呈管状突起。口中等大，端位，低而稍倾斜。下颌略长于上颌。上下颌均具齿2行；腭骨、犁骨无齿。舌宽而厚，前端圆形。头部具发达的缝状皮质突起；各皮质突起上端均呈掌状分支。鳃孔大。具假鳃。头、体及鳍膜基部均被鳞。鳞细小，长圆形，大都埋于皮下。侧线很短。背鳍1个，很长，均由鳍棘组成。臀鳍亦长。胸鳍宽大，圆形。腹鳍发达，紧靠喉位。尾鳍圆形。体色绚丽，有橙色、橘红和浅棕等色。头部下方有浅色横纹。体侧具8~10个褐色云状横斑。背缘和背鳍具8~9个黑褐色宽横纹，成年个体背鳍斑纹常呈云状。臀鳍具7~8条黑褐色宽横斑，与体侧下方横斑相连。胸鳍褐色，有不太清晰的横纹，外缘色淡。腹鳍黑色。尾鳍有1~2条不规则横纹。各鳍外缘及鱼体各部的浅色区均为与体色一致的鲜艳色彩。

生态习性：底栖杂食性鱼类。主要摄食贝类等底栖生物。数量不多，在初夏和秋末冬初较为常见。

地理分布：分布于辽宁黄海、辽东湾南部及我国黄海、渤海。国外见于朝鲜、日本。

经济价值：有食用价值。

绵鳚 *Zoarces elongatus* Kner

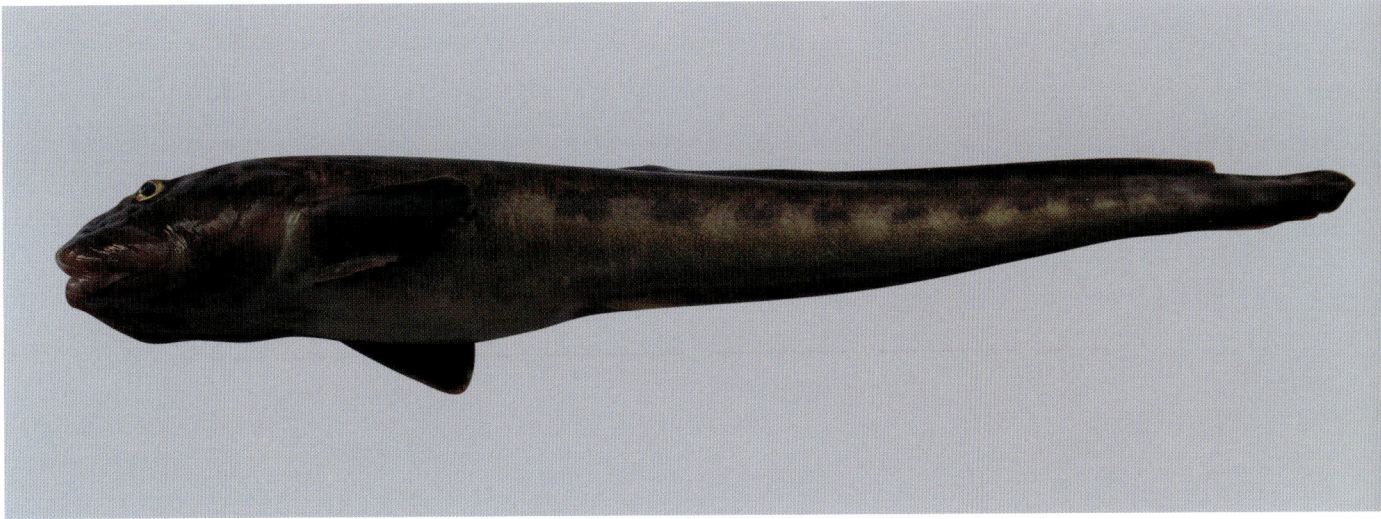

俗　　名：黏鱼、黏鱼棍、海鲶

英 文 名：Eelpout

日 文 名：ナガガジ

分类地位：鲈形目、绵鳚科、绵鳚属

形态特征：体延长，似鳗状，前部近圆形，后部侧扁。头中等大，近长方形。眼小，高侧位。鼻孔每侧2个，前鼻孔小，后鼻孔具一管状突起。口大，马蹄形，前下位，上颌长于下颌。齿小，犬齿状；上颌具齿2~3行，侧面2行；下颌齿2行，侧面1行；腭骨及犁骨无齿。舌圆厚，不游离。鳃孔大。鳃盖膜与峡部相连。具假鳃。鳃耙粗短。鳞小，圆形，埋于皮下，除头部外均被鳞。背鳍很长，大部为鳍条组成，仅在尾部后端有短小鳍棘。臀鳍也很长，无鳍棘，后端与尾鳍相连。胸鳍大，圆形。腹鳍小，喉位。尾鳍小，不显著。体棕褐色，下侧及腹部淡白色。眼间隔有一长方形暗色斑块。体背缘及体侧中央各有一纵行16~18个方圆形或云状斑块，2行斑块相对或交叉排列。背鳍前缘上方粉红色，在5~8鳍条上方有一大黑圆斑，往后的鳍膜上有数量不等的浅色圆斑。

生态习性：常见的底层杂食性鱼类。有洄游和集群习性，亦可定居于辽宁沿海。卵胎生，生殖期在12月至翌年2月。

地理分布：分布于辽宁沿海及我国黄海、渤海、东海。国外见于朝鲜、日本。

经济价值：沿海常见经济鱼类。

玉筋鱼 *Ammodytes personatus* Girard

俗　　名：面条鱼、银针鱼

英 文 名：Sand lance

日 文 名：イカナゴ

分类地位：鲈形目、玉筋鱼科、玉筋鱼属

形态特征：体长柱形，稍侧扁。头背面较腹面宽，侧面似三角形。眼小，侧高位。鼻孔每侧2个，鼻孔间距与后鼻孔至眼前缘的距离约相等。口大，斜裂。下颌长于上颌。无齿。舌窄长，边缘向上翘，游离。鳃孔大。具假鳃。鳃耙细长，与鳃丝约等长。鳞很小，圆形，头部及鳍无鳞。侧线位高，近背缘，直线形。背鳍1个，很长，始于胸鳍末端的稍前方，鳍条长度约相等，无鳍棘。臀鳍与背鳍相似。胸鳍长椭圆形。无腹鳍。尾鳍叉形。

生态习性：生活于浅海中上层，以浮游生物为食，产量较高。

地理分布：分布于辽宁沿海及我国黄海、渤海、东海。国外见于朝鲜、日本。

经济价值：沿海常见的经济鱼类，幼鱼常加工成干制品，成鱼为优质饵料鱼。

尼罗罗非鱼 *Tilapia nilotica*（Linnaeus）

俗　　名：非洲鲫鱼、尼罗奥非鱼

英 文 名：Nile tilapia，Nile mouth-brooder

日 文 名：イズミダイ

分类地位：鲈形目、丽鱼科、罗非鱼属

形态特征：体卵圆形，侧扁，背部隆起，腹部圆。头中等大，侧扁，短而高。吻钝，凸出。口小，前位，斜裂。上下颌各具3行细弱小齿。犁骨和腭骨无齿。舌前端尖钝。眼中等大，上侧位。鼻孔左右各1个，无鼻瓣。背鳍XVI-13～15；臀鳍Ⅲ-9～10；腹鳍Ⅰ-5；胸鳍13～14；尾鳍17。体被圆鳞，侧线平直。腹膜灰黑色。肠管长，为体长的5～6倍。鳔2室。腹鳍胸位，尾鳍截形。体呈棕黄色，体侧有8～10条黑色横带；尾鳍上有10条左右黑色条纹；喉胸部及腹侧灰白色。

生态习性：喜高温、广盐性热带鱼类，适宜温度范围16～38℃。耐低氧。可在淡水中生长繁殖，亦可在海水中生活。杂食性，成鱼主要摄食浮游生物、底栖生物，生长迅速。雄鱼生长速度明显快于雌鱼。性成熟早，适温范围内5—6月龄即性成熟，1年产卵3～4次。筑巢产卵，雌鱼口含孵化。

地理分布：原产于非洲的尼罗河，现已广泛为其他国家和地区所引进。我国现已在大多数省市区养殖。

经济价值：个体大，生长快，产量高，肉味鲜美，营养丰富。

葛氏鲈塘鳢 *Perccottus glehni* Dybowski

俗　名： 老头鱼、沙轱辘子、还阳鱼、鲈塘鳢

英 文 名： Chinese sleeper, Glehn's sleeper, Perch sleeper

日 文 名： マンシユウドンコ

分类地位： 鲈形目、塘鳢科、鲈塘鳢属

形态特征： 体近纺锤形，后部侧扁。头大，前部略平扁。吻短圆钝。眼小，上侧位。鼻孔2个，前鼻孔具短管。口大，上位，斜裂，下颌略长于上颌。上下颌及犁骨具多行绒毛状齿。腭骨无齿。舌大，游离。头部多沟，沟中具单行或多行小孔。颏部有一凹洼，内具2行感觉器。鳃盖后缘无刺。鳃盖膜与峡部相连。体被栉鳞，头背和鳃盖上被圆鳞。无侧线。背鳍Ⅵ－Ⅶ，Ⅰ－9~11；臀鳍Ⅰ－Ⅱ－8~10；胸鳍Ⅰ~18；腹鳍Ⅰ－5。纵列鳞35~39。鳃耙2~3+8~9。体背黑褐色，体侧有不规则的褐色斑块或间断的横纹，腹面灰褐色。背鳍深褐色，背鳍、臀鳍、尾鳍有由浅色斑点组成的条纹。眼后下缘至前鳃盖骨后端具一明显的褐色条纹。

生态习性： 生活于水草多的江河湖泊、沼泽中，对环境适应力强，能在缺氧和结冰的水下生活。动物食性。2龄性成熟。

地理分布： 分布于辽河。黑龙江、松花江、嫩江、乌苏里江、图们江亦有分布。

经济价值： 为小型经济鱼类，刺少、味美，营养丰富。现在人工繁殖苗种已获得成功。

鸭绿沙塘鳢 *Odontobutis yaluensis* Wu

俗　　名：塘鳢鱼、沙鳢、暗色杜父鱼、暗色土布鱼、山胖头

英 文 名：Yalu sleepe，Dark sleeper

日 文 名：ドンコ，カワオコゼ

分类地位：鲈形目、塘鳢科、沙塘鳢属

形态特征：体延长，前部亚圆筒形，后部侧扁。头大，前部低平，后部隆起。吻宽短。眼小，上侧位。口大，亚前位，斜裂。下颌突出。上颌骨后端伸达眼部下方。上下颌齿小，尖锐，多行；犁骨、腭骨无齿。舌端圆形，游离。前鳃盖骨后缘光滑。具假鳃。体被栉鳞，头、胸、腹部被小圆鳞。无侧线。背鳍Ⅵ~Ⅶ，Ⅰ-9；臀鳍Ⅰ-7~8；胸鳍16；腹鳍Ⅰ-5。纵列鳞47~49；横列鳞16~18。背鳍2个，分离；胸鳍宽大；尾鳍圆形。体黑褐色，体侧具3~4条上窄下宽不规则的黑色横带，头、体之腹面有单色的斑纹。各鳍有淡黄色和黑色相间的条纹。

生态习性：生活于河溪底层的小型溪流经济鱼类。杂食性偏浮游动物食性。1~2龄性成熟。卵长圆形，一端具黏性绒丝，黏附于植物体或砾石上发育。雄鱼有护卵习性。

地理分布：分布于辽河东部山区支流太子河、鸭绿江中下游及其支流、大洋河、辽东半岛碧流河。为我国特产鱼类。

经济价值：小型经济鱼类。肉味鲜美，经济价值高。人工繁育苗种已获成功。

斑尾复鰕虎鱼 *Synechogobius ommaturus*（Richardson）

俗　　名：胖头

英 文 名：Spottedtail goby

日 文 名：ハゼクチ

分类地位：鲈形目、鰕虎鱼科、复鰕虎鱼属

形态特征：体延长，前部近圆筒形，后部侧扁且渐变细。小鱼（体长42～100mm）体较高，尾柄短。头大且宽，稍平扁，其宽大于体高。吻较长，前端圆钝。眼小，上侧位，位于头的前半部。鼻孔2个，前鼻孔具一短管。口大，下位，斜裂。上颌长于下颌。唇肥厚。齿锥状，上下颌齿2～4行，大鱼1～2行。舌宽，游离，前端近截形，有时微凹。鳃孔中大。鳃耙短。雄鱼生殖乳突较薄，呈窄长的三角形；雌鱼生殖乳突较厚，呈扁柱状。体被弱栉鳞或栉鳞，后部鳞片较大。背鳍2个，分离。胸鳍尖圆。腹鳍近圆形。尾鳍尖圆。腹膜背侧灰黑色，腹面灰白色。肠短，不及体长。无幽门盲囊。无鳔。体背侧灰黑色或棕黄色，腹部色浅。背鳍有黑色纵行纹3～4条；尾鳍上部具黑色波状纹10余条，基部具一黑斑。

生态习性：生活于沿海、河口咸淡水或淡水的大型鰕虎鱼类。喜栖息于底质为淤泥或泥沙水域。多穴居。以虾、蟹、小鱼为食。生殖期为4月中下旬至6月上旬。亲鱼生殖后极为消瘦，逐渐死亡。

地理分布：分布于辽宁沿海及我国黄海、渤海、东海。国外见于朝鲜、日本、印度尼西亚。

经济价值：食用经济鱼类。但因大量吞食虾类，为虾类养殖的敌害。

弹涂鱼 *Periophthalmus modestus*（Cantor）

俗　　名：泥猴、蹦溜狗鱼

英 文 名：Mudskipper

日 文 名：ムツゴロウ

分类地位：鲈形目、弹涂鱼科、弹涂鱼属

形态特征：体延长，略侧扁。头宽大，微侧扁。吻短，圆钝，斜直隆起。眼小，两眼突出于头背上，彼此靠近。鼻孔2个，相距较远，前鼻孔为一小管；后鼻孔圆形。口宽大，横裂。齿尖锐，直立；上下颌齿各1行。舌宽圆，不游离。鳃孔窄，呈裂缝状。鳃耙不发达，呈弱小尖突状。体被小圆鳞；头部仅鳃盖上部及眼后部有小鳞，其他部位均无鳞。背鳍2个，分离。臀鳍起点与第二背鳍起点相对。胸鳍圆形，基部具臂状肌柄。腹鳍愈合，后缘凹入。尾鳍圆形。体呈暗黑色。第一背鳍黑褐色，近边缘处具一黑色纵带，边缘白色；第二背鳍色稍浅，其中部具一黑色纵带，端部白色。臀鳍浅褐色。胸鳍暗褐色。腹鳍边缘白色。尾鳍上下缘白色。

生态习性：沿岸小型鱼类。栖息于海水及半咸水中，多在河口附近的近边岸处，常游出水外，退潮时常借助胸鳍肌肉柄支持身体，在滩涂匍匐或弹跳行动，稍受惊动，便敏捷地跳回水中或躲藏入洞穴、坝缝里。

地理分布：分布于辽宁沿海及我国沿海。国外见于朝鲜、日本。

经济价值：个体不大，沿岸居民捕捉后，大者食用，肉嫩味美；小者作家禽饲料。

带鱼 *Trichiurus haumela*（Forskål）

俗　　名：刀鱼、鳞刀鱼

英 文 名：Cutlassfish

日 文 名：タチウオ

分类地位：鲈形目、带鱼科、带鱼属

形态特征：体延长，侧扁，呈长带状；背腹两缘平直；尾渐细，呈鞭状。头侧扁，窄长，前端尖出。吻尖长。眼中等大，侧上位，眼上缘接近头的背缘。鼻孔小，每侧1个，椭圆形。口大，口裂平直。下颌突出。上下颌齿大而锐利，排列稀疏；上颌前部有强大犬齿2对；下颌前端有犬齿2对，小于上颌犬齿；犁骨、腭骨及舌上均无齿。舌尖长，游离。鳃孔宽大。鳃耙短而细，不发达，排列不规则。具假鳃。体光滑，鳞退化。侧线完全。背鳍与背缘几乎等长。臀鳍仅由分离的小棘组成，棘甚短，仅尖端露出。胸鳍短小，低位，鳍条斜向上方。无腹鳍。尾鳍消失。体银白色。背鳍上半部及胸鳍淡灰色，布有细小黑点。尾暗黑色。

生态习性：温热带海区的中下层食用经济鱼类。辽宁沿岸捕获的带鱼，属于黄海、渤海群系，又称北方带鱼。于6月在黄海北部和渤海产卵，产卵后亲鱼就近索饵育肥。带鱼生长迅速，2龄鱼一般体重350g左右，性已成熟；有少数个体1龄性成熟。性凶猛。摄食鱼类、甲壳类、头足类、蛇尾类和腹足类等。

地理分布：分布于我国各沿海。国外见于朝鲜、日本、东南亚、红海、非洲东岸。

经济价值：重要经济鱼类，肉质好，产量高。

鲐 *Pneumatophorus japonicus*（Houttuyn）

俗　　名：鲐巴鱼、鲭

英 文 名：Chub mackerel

日 文 名：鲐魚

分类地位：鲈形目、鲭科、鲐属

形态特征：体呈纺锤形；尾柄短而细，两侧各有小隆起嵴2条。头中等大，略侧扁。吻稍尖。眼大，侧上位，近于头的背缘，具发达的脂眼睑。鼻孔每侧2个，前鼻孔小，圆形；后鼻孔裂缝状。口大，端位，斜裂。上下颌各具细小齿1行；犁骨及腭骨均有齿；舌面光滑无齿。鳃孔大。体被细小圆鳞，胸部鳞较大；头部除后头、颊部、鳃盖被鳞外，余皆裸露。侧线完全，呈不规则波状，偏向背部。背鳍2个，相距较远，第一背鳍全由细弱鳍棘组成，可全部折叠于背沟中而不外露；第二背鳍弱小，其后有5个独立的小鳍。臀鳍不发达，起点前有一独立小棘，鳍后有5个独立小鳍。胸鳍与腹鳍约等长。腹鳍内侧鳍条通过薄膜与腹部相连，并可置于腹部浅凹内。尾鳍深叉形。头顶部青黑色。体背部青绿色，间有不规则的深蓝色波纹。腹部淡黄色。背、胸、尾鳍灰褐色。

生态习性：暖温性中上层经济鱼类。产卵期为5月中旬至7月上旬。以端足类、桡足类、磷虾、头足类、多毛类和鱼类为食。鲐喜光和集群，日出、日落前后常集群起浮，易被围网捕获。

地理分布：分布于我国各沿海。国外见于朝鲜、日本、俄罗斯远东海区、菲律宾。

经济价值：沿海常见的重要经济鱼类。

蓝点马鲛 *Scomberomorus niphonius*（Cuvier *et* Valenciennes）

俗　　名：鲅鱼、燕鱼

英 文 名：Japanese spanish mackerel

日 文 名：サワラ

分类地位：鲈形目、鲅科、马鲛属

形态特征：体延长，侧扁，背缘和腹缘略弯曲；最大体高在第二背鳍起点附近；尾柄细，每侧有3条隆起嵴。头长略大于体高。吻较长。眼较大，侧位。鼻孔每侧2个，前鼻孔较小，圆形；后鼻孔呈纵向椭圆形。口端位。齿强大，侧扁，尖锐，排列稀疏，舌上无齿。鳃孔大。鳃耙较长。圆鳞，细小。侧线完全，高位。背鳍2个。臀鳍与第二背鳍相似，起点与第二背鳍第四根鳍条相对。体背部灰蓝色，体侧灰黑色或白色，腹部银白色。沿体侧中央有数纵行近圆形小黑斑。第一背鳍蓝黑色或青蓝色；第二背鳍灰黄色，边缘黑色；小鳍奶黄色。臀鳍乳白色，前部边缘黑色；小鳍浅黄白色。胸鳍灰黑色。腹鳍乳白色。尾鳍灰黑色。

生态习性：为暖温性中上层鱼类。有长距离洄游习性。冬季在东海越冬，春季经黄海北上洄游到达渤海和辽宁沿海产卵、索饵；9月开始游离辽宁沿海。性凶猛，游泳迅速，主要摄食鳀鱼和其他小型鱼类。雄鱼1龄开始性成熟，雌鱼2龄性成熟。怀卵量达55万～85万粒，产卵期在5月下旬至6月。

地理分布：分布于辽宁沿海及我国各地沿海。国外见于朝鲜、日本、澳大利亚。

经济价值：肉味鲜美，可鲜食或腌渍。

银鲳 *Pampus argenteus*（Euphrasen）

俗　　名：鲳鱼、镜鱼

英 文 名：Silver butterfish

日 文 名：マナガツオ

分类地位：鲈形目、鲳科、鲳属

形态特征：体侧扁，呈卵圆形。体高以背鳍起点前最高，尾柄侧扁而短。头较小。吻短而钝圆，稍突出。眼较小，侧位，靠近前端。鼻孔2个，紧相邻，前鼻孔圆形，后鼻孔裂缝状。口小，微斜。上下颌各具1行排列紧密的细小齿；犁骨、腭骨和舌面无齿。鳃孔小。无假鳃。鳃耙细弱，排列疏松。头部除上下颌和吻部外，几全部被细小圆鳞，并易脱落。侧线呈弧形，与背缘平行。背鳍棘呈小戟状，幼体极明显，成鱼则埋在皮下；鳍条部前部鳍条隆起呈镰状。胸鳍长大。无腹鳍。臀鳍与背鳍相对且同形。尾鳍分叉深，下叶较上叶稍长。体背部青灰色。腹部乳白色。并具银色光泽。各鳍浅灰色。

生态习性：生活于外海中下层的鱼类，每年5—6月集群游向沿岸产卵，产卵后又返归外海。多数1龄即达到性成熟，怀卵量为8万～35万粒。以小鱼及浮游生物为主要食物。

地理分布：分布于辽宁沿海及我国各海域。国外见于朝鲜、日本。

经济价值：虽产量不高，但为名贵食用鱼之一，鲜食肉嫩味美。

乌鳢 *Channa argus*（Cantor）

俗　　名: 黑鱼、黑鱼棒子、蛇头鱼、生鱼、才鱼、斑鱼

英 文 名: Chinese snakehead，Northern snakehead

日 文 名: カムルチー

分类地位: 鲈形目、鳢科、鳢属

形态特征: 体延长，躯干部呈圆筒形，尾部侧扁。头窄长，前部平扁，后部隆起，背面和侧面具鳞。吻长。上下颌具齿。眼小，眼间隔平坦。具鳃上器官，起辅助呼吸作用。体被圆鳞，头部鳞片呈骨片状，组成头甲。侧线鳞自鳃孔后方延至肛门上方中断，下折1～2枚鳞后再沿体侧中部伸达尾鳍基部。背鳍和臀鳍基底长，无鳍棘。腹鳍小，位于胸鳍后下方。尾鳍圆形。肠短。幽门盲囊2个，细长。鳔1室，与肠等长，伸达尾部。背鳍48～51个；臀鳍29～33个；胸鳍17～19个；腹鳍6个。鳃耙8～10个。背部和体侧黑绿色，有黑色大斑纹，似蟒斑纹。腹部灰白色，亦有浅色斑纹。眼至鳃盖骨后缘有明显的黑色纹2条。

生态习性: 淡水底栖性鱼类，生活于淤泥底质或浑浊的水草丛生水域中。凶猛肉食性，多以其他鱼类为食。黑龙江水系3龄成熟。1次产卵类型，卵圆形，浮性。

地理分布: 辽河、鸭绿江、大洋河、碧流河等及附属湖泊水库。在我国还广泛分布于各大水系和云南各湖泊。

经济价值: 名贵经济鱼类。肉肥美，营养价值高，除食用外，还有药用功效。人工繁育、养殖已成功。

许氏平鲉 *Sebastes schlegeli*（Hilgendorf）

俗　　名：黑鱼、刺毛

英 文 名：Schlegel's rockfish

日 文 名：クロソイ

分类地位：鲉形目、鲉科、平鲉属

形态特征：体延长，侧扁。头大。吻长与眼径约相等。眼稍大，突出，上侧位。鼻孔每侧2个，约等大。口前位，下颌略长。上下颌、犁骨和腭骨有绒毛状齿。舌短，游离。鳃孔大。鳃耙细长。体被栉鳞，眼上下方、胸鳍基及腹侧有小圆鳞。侧线平直。背鳍鳍棘部与鳍条部之间呈波浪形。胸鳍圆形。腹鳍胸位。尾鳍截形，后缘圆凸。体背部黑色，腹部灰白色。体侧黑色伴有一些不规则白斑或灰白色伴有一些不规则黑斑。背鳍黑色，部分鳍棘膜有灰白斑。臀鳍黑色。胸鳍黑色或下半部灰白色。腹鳍浅黑色，鳍条灰白色。尾鳍黑色。

生态习性：冷温性近海底层鱼类。喜栖息于岩礁地带泥沙质海底，小个体多分布沿岸，大个体常栖息于水较深、流较急处。以小型鱼类、甲壳类和等足类为食。卵胎生，4—6月产仔。鳍棘有毒腺，如被其刺伤，创口红肿、剧痛。

地理分布：分布于辽宁黄海北部、辽东湾南部及我国黄海、东海。国外见于朝鲜、日本、鄂霍次克海南部。

经济价值：大连地区沿海常见经济鱼类，肉质较为鲜美，为近海增殖和人工养殖的对象。

绿鳍鱼 *Chelidonichthys kumu* (Lesson *et* Garnot)

俗　　名: 绿翅鱼、莺莺鱼

英 文 名: Bluefin gurnard

日 文 名: ミナミホウボウ

分类地位: 鲉形目、鲂鮄科、绿鳍鱼属

形态特征: 体延长, 前粗后细, 最大体高在第一背鳍前方。头侧面似菱形, 背面与侧面为骨板。吻较长。眼上侧位。鼻孔2个, 前鼻孔小, 圆形; 后鼻孔长形。口大, 位于吻端腹侧。上颌较下颌长, 上下颌和犁骨有绒毛状齿。舌宽圆。鳃孔大。鳃耙长, 上有小刺。具小圆鳞。头部、胸部和前腹部无鳞。背鳍基每侧有一纵行楯板。侧线平直。背鳍2个。胸鳍宽长, 圆形, 下方有3根指状游离鳍条。腹鳍胸位。尾鳍中部稍凹入。体背侧红色, 有浅蓝褐色网状斑, 腹部白色。胸鳍外侧灰白色; 内侧蓝绿色, 有一些浅黄色小斑点。头部黄褐色, 眼下缘经鼻孔至吻突有1条白色纵带; 背鳍无色, 鳍条、鳍棘浅褐色; 臀鳍、腹鳍和尾鳍黄褐色; 胸鳍外侧鳍条黄褐色, 膜灰黑色, 内侧黑色。

生态习性: 生活于沙泥底近海底层。胸鳍游离, 鳍条在海底起爬行作用。肉食性, 以虾、蟹等底栖生物为食。

地理分布: 分布于辽宁黄海北部及我国沿海。国外见于朝鲜、日本、新西兰、澳大利亚。

经济价值: 沿海常见经济鱼类, 肉味鲜美。

短鳍红娘鱼 *Lepidotrigla microptera* Günther

俗　　名: 红头鱼

英 文 名: Smallfin gurnard

日 文 名: カナガシラ

分类地位: 鲉形目、鲂鮄科、红娘鱼属

形态特征: 体延长，前粗后细，最大体高在背鳍起点。头背面和侧面为具小棘的骨板。吻向前倾斜，前端中央凹入；眼上侧位，距鳃孔较近，眼间隔宽，微凹，宽度比眼径稍大。鼻孔小，2对。口大，下位。上颌较长，前端有一缺刻，上下颌及犁骨有绒毛状齿，腭骨无齿。舌宽圆，不游离。鳃孔大。鳃耙长，上有小刺，鳃耙间有一隆起。被栉鳞，背鳍基部每侧有一纵行24个楯板，侧线与背缘平行延伸。背鳍2个，第一背鳍的第二、第三鳍棘最长，臀鳍与第二背鳍相对。胸鳍低位，长圆形，有3根指状游离鳍条，不伸达腹鳍末端。腹鳍胸位，末端达肛门。尾鳍中间内凹，呈月牙状。体背侧面红色，腹部白色。第一背鳍上半部第四至第七鳍棘间的鳍膜上有一椭圆形大红斑。胸鳍内侧灰黑色，下面3根鳍条和游离鳍条白色。

生态习性: 生活于近海底层，聚群。生殖期5—6月。

地理分布: 分布于辽宁黄海北部、辽东湾及我国渤海、黄海、东海。国外见于朝鲜、日本。

经济价值: 肉味鲜美。

大泷六线鱼 *Hexagrammos otakii* Jordan *et* Starks

俗　　名：黄鱼

英 文 名：Fat greenling

日 文 名：アイナメ

分类地位：鲉形目、六线鱼科、六线鱼属

形态特征：体延长，侧扁，略呈纺锤形。头中等大，稍尖。吻尖突。眼中等大，上侧位。眼后缘上角及项背各有一向后伸出的黑色羽状皮瓣。鼻孔每侧1个，位于眼前缘。口中等大，端位。上颌较下颌略长。上下颌及犁骨具绒毛状齿。鳃孔宽大。具假鳃。鳃耙短小。体被小长方形栉鳞；头部、各鳍棘基部被小圆鳞。每侧具侧线5条。胃壁较厚，囊状，幽门盲囊21。无鳔。背鳍连续，鳍棘与鳍条之间有一浅凹。胸鳍侧低位，圆形。腹鳍胸位。尾鳍截形。体黄褐色，体侧有大小不同、形状不规则的灰褐色云斑，腹部灰白色。背鳍浅凹处有一黑斑；臀鳍鳍条灰褐色，末端黄色；其余各鳍均具灰褐色斑纹。雄鱼性成熟时有鲜艳的颜色。

生态习性：近海冷温性底栖鱼类，全年生活在沿岸及岛屿的岩礁附近，一般水深50m以内。摄食动物性食物。秋季产卵，产卵期为10月中旬至11月上旬。亲鱼有护卵习性。

地理分布：分布于我国渤海、黄海、东海。国外见于朝鲜、日本。

经济价值：肉味鲜美。

鲬 *Platycephalus indicus*（Linnaeus）

俗　　名：鞭子鱼、牛尾鱼

英文名：Flathead

日文名：マゴチ

分类地位：鲉形目、鲬科、鲬属

形态特征：体延长，扁平。头扁平，后部宽大。吻部接近扁平。眼上侧位，距吻较近。眼间隔宽，微凹。头部背面具棱。鼻孔每侧2个，后鼻孔稍大。口端位，下颌略长。上下颌、犁骨和腭骨有绒毛状齿。舌圆形，前端游离。鳃孔大。鳃耙较长，两侧鳃耙较短。体被栉鳞。侧线与背部平行延伸。背鳍2个，第一背鳍前后各有一游离小棘，起点与腹鳍基部相对；第二背鳍基部很长，位于尾部，与臀鳍相对。胸鳍圆形，末端超过腹鳍基部。腹鳍位于胸鳍基部后下方，末端超过肛门。尾鳍截形。体黄褐色或黑褐色，腹部白色。背鳍鳍棘和鳍条上有黑褐色小点。臀鳍浅黄色。胸鳍灰黑色。腹鳍浅黑黄色。尾鳍有灰黑色横斑及黑色纵带。

生态习性：生活于近海底层，为常见的经济价值较高的食用鱼类。生殖期为5—6月。

地理分布：分布于辽宁沿海及我国沿海。国外见于朝鲜、日本、菲律宾、红海，俄罗斯远东海域。

经济价值：沿海常见经济鱼类，肉质较好。

绒杜父鱼 *Hemitripterus villosus*（Pallas）

俗　　名：先生鱼

英 文 名：Shaggy sculpin

日 文 名：ケムシカジカ

分类地位：鲉形目、杜父鱼科、绒杜父鱼属

形态特征：身体粗圆，略侧扁。头大，稍侧扁，背面凹凸不平。吻短，吻略长于眼径，眼小，上侧位，后缘距吻端较距鳃孔为近。眼间隔宽，中央为一方形凹穴。鼻孔每侧2个，前鼻孔具管状突起。口宽大，前位，斜裂，上下颌约等长。上下颌、腭骨和犁骨齿均呈绒毛状宽齿带。舌宽圆，不游离。鳃孔宽大。具假鳃。体粗糙，无鳞，被骨质瘤状突起和绒毛状小刺。头部背面和下颌缘及第一背鳍具发达的皮瓣，皮瓣上端分枝。侧线完全。背鳍2个，第一背鳍很长，鳍棘细弱；第二背鳍短。臀鳍与第二背鳍相对，但始点稍前。胸鳍圆形，下侧位。腹鳍胸位。尾鳍截形，后缘微凹。体黑色或黑褐色，具深褐色或黑褐色不规则斑块。背鳍和臀鳍褐色，具不规则斑纹。胸鳍、尾鳍具褐色横纹。头部下方及腹部灰绿色。

生态习性：近海底栖鱼类。

地理分布：分布于辽宁沿海及我国黄海、渤海。国外见于朝鲜、日本。

经济价值：肉质较好，沿海常见经济鱼类。拖网和各类定置网具均能捕获。

松江鲈 *Trachidermus fasciatus* Heckel

俗　　名：媳妇鱼、四鳃鲈、四鳃鲈

英 文 名：Roughskin sculpin

日 文 名：ヤマノカミ

分类地位：鲉形目、杜父鱼科、松江鲈属

形态特征：体前部平扁，向后渐侧扁和高度降低。头宽扁。吻短而圆钝，背面中央圆突，两侧各具一钝尖鼻棘。鼻孔2个，均有短管状突起。眼小，上侧位。眼间隔宽而凹入，两侧形成眶上棱。前鳃盖骨具4棘，上棘最大，后端向上钩曲。鳃盖骨具一纵棱。口大，前位，上颌长大于下颌。上下颌骨、腭骨和犁骨具绒毛状齿群。舌宽厚，前端游离。鳃孔宽大。鳃盖膜与峡部相连。鳃耙颗粒状。假鳃发达。鳃条骨6。体无鳞。侧线平直。体背侧褐色，腹部灰白色。头侧具4条暗色横斑。体侧有4条暗色横斑。第一背鳍的第二至第四鳍棘有一暗色斑；第二背鳍、胸鳍、臀鳍和尾鳍均有褐色小斑点形成的横纹。鳃盖膜和臀鳍基底呈橘红色。

生态习性：近海洄游性鱼类，可生活于咸淡水和淡水中。产卵期生殖群体云集于近海，孵化后的稚幼鱼向淡水溯游，在淡水中摄食生长。营底栖生活，白天潜伏于水底，夜间活动。幼鱼摄食浮游动物，成鱼摄食小鱼小虾。1龄性成熟。产黏性卵。

地理分布：渤海、黄海、东海沿岸河口均有分布。

经济价值：营养丰富，肉味鲜美，尤其以肝脏和峡部的肉块最为腴美，被誉为中国四大名鱼之一。现人工繁养已成功。

细纹狮子鱼 *Liparis tanakae*（Gilbert *et* Burke）

俗　　名：胖孩子、海兔子、帮帮鱼、嘎鱼

英 文 名：Tanaka's snailfish

日 文 名：クサウオ

分类地位：鲉形目、圆鳍鱼科、狮子鱼属

形态特征：体延长，头及体前部稍平扁，后部渐侧扁。头宽大，稍平扁，背面向吻端倾斜。吻短宽，圆钝，前缘每侧具黏液孔4个。眼小，圆形，上侧位。眼间隔宽。鼻孔每侧2个，均具短管状突起。口大，弧形。上颌稍突出，下颌下方每侧具黏液孔4个。上下颌齿为三叉形细齿组成的齿群，犁骨和腭骨均无齿。唇发达。舌宽厚，前端游离。鳃孔中大，侧位，鳃耙为刺球状突起。体无鳞，皮松软，幼鱼体光滑，成鱼有明显的沙粒状小刺。侧线消失。背鳍1个，很长，鳍棘和鳍条不易区分，末端与尾鳍相连。臀鳍基底较背鳍基底为短，末端与尾鳍相连。胸鳍宽圆，鳍基前伸达眼前下方，腹鳍胸位，连成一圆形吸盘，紧位于胸鳍基前端后方，吸盘周缘游离。尾鳍截形。体红褐色，腹侧稍淡。头、体有众多黑褐色纵行细条纹，随着个体生长，有时后上方的纵纹模糊不清而呈褐色小斑块状。背鳍、臀鳍、胸鳍和尾鳍的鳍膜外缘均呈黑灰色。

生态习性：近海中型底层鱼类。以虾类和其他底栖无脊椎动物为食。生殖期为10月中旬至12月初。

地理分布：渤海、黄海、东海均有分布。国外见于朝鲜、日本。

经济价值：去皮后经风干制成淡干品后食用。

牙鲆 *Paralichthys olivaceus*（Temminck *et* Schlegel）

俗　　名：牙片、偏口

英 文 名：Bastard halibut

日 文 名：ヒラメ

分类地位：鲽形目、鲆科、牙鲆属

形态特征：体扁，长卵圆形，左右不对称。吻较长。两眼均在头左侧。有眼侧两鼻孔位于眼间隔正中的前方。口大，前位，斜裂，左右对称。上下颌各具1行大而尖锐的齿，前部齿强大，呈犬齿状，两侧齿同等发达。前鳃盖骨边缘略游离。鳃孔狭长。鳃耙扁而细长。肛门稍偏于无眼侧。有眼侧被栉鳞，无眼侧被圆鳞，奇鳍鳍条亦被小鳞。两侧侧线同等发达，在胸鳍上方呈弓形弯曲。背鳍、臀鳍基底较长。有眼侧胸鳍较大。腹鳍位于鳃盖骨下方腹缘两侧。尾鳍双截形。有眼侧暗褐色，体部有少许黑色或深褐色斑点；无眼侧灰白色。奇鳍上有暗色斑纹。

生态习性：冷温性底层鱼类。喜栖沙泥底质海区，一般白天卧伏于海底，少活动，夜间游动觅食。性凶猛，食物种类很广，以鱼类为主，其次为虾类、蟹类、软体动物、环节动物和棘皮动物等。在黄海中部水深50～80m海区越冬的鱼群，3月北上生殖洄游，4月到达海洋岛附近水域，也有的鱼群进入辽东湾。

地理分布：分布于辽宁沿海及我国沿海。国外见于日本、朝鲜、俄罗斯。

经济价值：牙鲆为我国名贵海水鱼类，其营养丰富，肉味鲜美。现已开展大规模人工养殖。

109

大菱鲆 *Scophthalmus maximus*（Rafinesque）

俗　　名：多宝鱼

英 文 名：Turbot

日 文 名：ターボット

分类地位：鲽形目、鲆科、菱鲆属

形态特征：体不对称，体高，呈菱形。头较大。尾柄高而短。两眼位于头左侧。有眼侧鼻孔位于两眼中间的正前方，无眼侧鼻孔近背缘。口较大，斜裂，下颌长于上颌。齿细小，不锐利。鳃孔宽大。鳃耙较宽、扁、短。各鳍无棘，背鳍基底很长，延续近尾鳍。臀鳍与背鳍形相似。胸鳍较窄，左右不对称。腹鳍喉位，左右不完全对称。尾鳍近圆形。体无鳞，体表有很多似鳞状的小扁平突起。侧线在胸鳍上方有弧状弯曲。有眼侧青褐色，被有黑色和褐色的斑纹，能随环境和底质的变化而改变体色的深浅，无眼侧白色，各鳍色泽基本与体色一致。

生态习性：耐低温的底层鱼类，喜好安静而幽暗的生活环境，平时很少游动。适温范围为2~28℃，最适生长温度为15~18℃。大菱鲆为动物性食性的鱼类，幼鱼摄食小型甲壳类，成鱼以鱼类、虾类、头足类为食。养殖大菱鲆可喂冰鲜杂鱼或配合饵料。大菱鲆属于分批产卵型的鱼类，自然繁殖季节为5—6月。

地理分布：自然分布于大西洋东侧欧洲沿海，现已引入我国。

经济价值：世界上名贵海水鱼类，其营养丰富，肉味鲜美。我国已开展大规模人工养殖。

110

高眼鲽 *Cleisthens herzensteini*（Schmidt）

俗　　名：长脖

英 文 名：Pointhead plaice

日 文 名：ソウハチ

分类地位：鲽形目、鲽科、高眼鲽属

形态特征：体扁，长卵圆形，左右不对称，尾柄狭长。吻长与眼径约相等。眼大，两眼位于头右侧。上眼位于头背缘。有眼侧两鼻孔位于下眼前缘上方，前鼻孔有短管，后鼻孔卵圆形；无眼侧两鼻孔在上眼背缘前方。口大，前位，斜裂，下颌稍突出。齿小，尖锐，上颌1行；下颌通常为1行，有时交错排列为2行。鳃孔大。鳃耙细弱，肛门稍偏于无眼侧。有眼侧多为弱栉鳞，常杂以圆鳞；无眼侧被圆鳞；各鳍鳍条被小栉鳞。侧线近于直线状。背鳍起点偏于无眼侧，臀鳍始于胸鳍基底下方稍后。有眼侧胸鳍较长。腹鳍略对称。尾鳍圆形或近截形。有眼侧褐色或淡褐色；无眼侧白色。奇鳍颜色较暗，边缘近黑色。

生态习性：冷温性底层鱼类。4月向近岸移动，4月下旬至5月为生殖期。繁殖后分散于30～60m深水域索饵，冬季在深水区越冬。2龄达性成熟。怀卵量10万～100万粒。食性广，以小型鱼类为主要饵料，其次为虾类、头足类、棘皮动物和多毛类等。

地理分布：分布于辽宁沿海及我国渤海、黄海、东海。国外见于日本、朝鲜、俄罗斯。

经济价值：肉嫩、味美，是黄海、渤海鲆鲽类中数量最多的一种。

圆斑星鲽 *Verasper variegatus*（Temminck *et* Schlegel）

俗　　名：花片

英 文 名：Variegate flounder

日 文 名：ホシガレイ

分类地位：鲽形目、鲽科、星鲽属

形态特征：体扁，长卵圆形，左右不对称，尾柄短，高大于长。吻短，等于或略长于眼径。眼中等大，两眼在头右侧。口中等大，近前位，斜裂，左右对称。齿短小，锥形，两侧同等发达，上颌齿2行，下颌齿1行。鳃孔大。鳃耙扁且短。肛门位于腹缘正中线上。有眼侧被强栉鳞，无眼侧一般为圆鳞，奇鳍被小栉鳞。两侧侧线同等发达，在胸鳍上方呈浅弓状弯曲。背鳍起点稍偏于无眼侧。臀鳍始于胸鳍基底下方稍后。有眼侧胸鳍较长。腹鳍短，左右略对称。尾鳍近圆形。有眼侧暗褐色，鳞边缘色暗黑。背鳍有6～7个黑色大圆斑；臀鳍有5～6个黑色大圆斑；尾鳍有3～4个较小的圆斑。无眼侧白色，具分散的小黑斑。

生态习性：冷温性底层鱼类。生殖期为12月至翌年2月。个体较大，生长快。底栖动物食性，主要食料为虾蟹类、鱼类，其次为贝类和多毛类等。

地理分布：分布于辽宁沿海及我国渤海、黄海、东海。国外见于朝鲜、日本。

经济价值：肉味鲜美，营养丰富。

条斑星鲽 *Verasper moseri* Jordan *et* Gilbert

俗　　名：花片、松皮鱼（日本）

英 文 名：Barfin flounder

日 文 名：マツカワ

分类地位：鲽形目、鲽科、星鲽属

形态特征：体扁，长卵圆形，左右不对称，尾柄短，高大于长。吻短而钝。眼中等大，两眼在头右侧。鼻孔呈短管状。口中等大。上颌具齿2行，下颌具齿1行。鳃孔大。鳃耙扁且短，呈三角形，内缘具小刺。有眼侧被强栉鳞；背、臀鳍鳍基部的中央以及尾鳍基部均分布有栉鳞。无眼侧一般为圆鳞。两侧侧线同等发达，在胸鳍上方呈浅弓状弯曲。有眼侧暗褐色，雌无眼侧白色，雄为橙黄色。背鳍有6~7个黑褐色条斑；臀鳍有5~6个黑褐色条斑；尾鳍有4~5个黑褐色条斑。

生态习性：冷温性大型底栖鱼类，多栖息在100m水深以内的近海水域或海湾内，底质为沙底、泥沙底或海藻繁盛的礁石区域。冬春季节，洄游到10~15m的浅水区或海湾内生殖产卵，生存水温范围2~25℃。杂食性，主要摄食甲壳类、蛤蜊、海星、小鱼。同龄雌鱼个体大于雄鱼。

地理分布：曾分布于我国渤海、黄海，但目前几乎捕捞不到。国外见于日本、朝鲜、俄罗斯。

经济价值：名贵海水鱼类，肉质细嫩，现已进行人工育苗与养殖。

木叶鲽 *Pleuronichthys cornutus*（Temminck *et* Schlegel）

俗　　名：八角、鼓眼

英 文 名：Horny turbot

日 文 名：メイタガレイ

分类地位：鲽形目、鲽科、木叶鲽属

形态特征：体扁而高，呈卵圆形，左右不对称，尾柄长显著短于尾柄高。吻短，吻长约为眼径一半。眼大，眼球突出，两眼均在头右侧，眼间隔窄。有眼侧两鼻孔较小，无眼侧两鼻孔较大，位置高。口小，前位，斜裂；左右不对称。上下颌约等长。齿细小，锥形；有眼侧上下颌无齿，无眼侧上下颌各有齿2~3行；犁骨和腭骨无齿。舌短。唇厚。鳃孔中等大。鳃耙短，近锥形。肛门偏于无眼侧。两侧均被小圆鳞，各鳍鳍条被小鳞。两侧侧线同等发达，直线延伸。背鳍起点偏于无眼侧。臀鳍始于胸鳍基底下方。有眼侧胸鳍较长。腹鳍短，有眼侧腹鳍稍大。尾鳍圆形。有眼侧灰褐色或稍带红色；头、体部及鳍上满布不规则的小型暗色斑点。无眼侧白色。

生态习性：温水性底层鱼类。活动范围不大，随季节变化在近岸浅水和离岸深水之间移动。5—8月在近岸索饵，9—10月为生殖期，之后逐渐游向越冬场。怀卵量1万~10万粒。底栖动物食性，主要摄食多毛类、腹足类和甲壳动物。

地理分布：分布于辽宁沿海及我国沿海。国外见于朝鲜、日本。

经济价值：沿海常见经济鱼类。

黄盖鲽 *Pseudopleuronectes yokohamae*（Günther）

俗　　名：小嘴

英 文 名：Marbled sole

日 文 名：マガレイ

分类地位：鲽形目、鲽科、黄盖鲽属

形态特征：身体扁，长卵圆形，左右不对称，尾柄长稍短于尾柄高。头较小。吻较短，吻长短于眼径。眼小，均在头右侧。有眼侧两鼻孔位于下眼前上方，前鼻孔具一长管；无眼侧两鼻孔位高，接近头背缘。口小，前位，斜裂，有眼侧斜度较大。下颌稍向前突出；齿小，锥状，排列紧密，左右侧不对称，无眼侧齿较多。舌很短。唇厚。前鳃盖骨边缘游离。鳃耙短而扁。肛门偏于无眼侧。有眼侧被栉鳞，无眼侧被圆鳞，各鳍鳍条具小鳞。左右侧线同等发达，在胸鳍上方呈低弯弓状。背鳍起点偏于无眼侧。臀鳍始于胸鳍基底下后方。有眼侧胸鳍较长。左右腹鳍略对称。尾鳍近双截形。有眼侧暗褐色或青灰色，体部及背鳍和臀鳍上散布有大小不等的暗色斑纹，尾鳍后缘色暗。无眼侧白色。

生态习性：为冷温性底层鱼类。随季节变化在近岸浅水和离岸深水之间移动。3—4月产卵，生殖后分散索饵，秋后逐渐向离岸深水移动。底栖动物食性，主要摄食多毛类、甲壳类和小型鱼类。

地理分布：分布于辽宁沿海及我国渤海、黄海、东海。国外见于朝鲜、日本。

经济价值：沿海常见经济鱼类，肉质细嫩、鲜美。

115

石鲽 *Kareius bicoloratus*（Basilewsky）

俗　　名：石江

英 文 名：Stone flounder

日 文 名：イシガレイ

分类地位：鲽形目、鲽科、石鲽属

形态特征：体侧扁，卵圆形，左右不对称，尾柄长等于或稍短于尾柄高。头中大。吻稍长于眼径。眼中等大，两眼均位于头右侧。眼间隔较窄，宽约为眼径的1/3。口中等大，前位，斜裂，无眼侧口裂略长。下颌微向前突出。齿小，略扁，顶端近于截形，上下颌各具1行，无眼侧齿数较多。舌短。唇厚。鳃耙短，扁而尖。肛门偏于无眼侧。体无鳞，有眼侧具数纵行大小不等的粗糙骨板，排列不规则；无眼侧光滑。侧线直。背鳍起点偏于无眼侧，与上眼前缘相对。臀鳍起点在胸鳍基底下方。有眼侧胸鳍、腹鳍较大。尾鳍圆形或截形。有眼侧深灰色或灰褐色；无眼侧白色。

生态习性：冷温性近海底层鱼类。黄海北部的石鲽5—6月在鸭绿江口水域索饵，7—9月鱼群散游于海洋岛以北沿岸浅水区，10月中旬至11月中旬为生殖期。主要摄食双壳类和小型腹足类软体动物，其次为虾、蟹类。2龄开始性成熟，3龄全部性成熟，怀卵量一般为50万～150万粒。

地理分布：分布于辽宁沿海及我国渤海、黄海。国外见于朝鲜、日本。

经济价值：沿海常见经济鱼类，肉质中等。

条鳎 *Zebrias zebra*（Bloch）

俗　　名：花手绢、花牛舌

英 文 名：Zebra sole

日 文 名：シマウシノシタ

分类地位：鲽形目、鳎科、条鳎属

形态特征：体延长，舌状或长卵圆形，左右不对称。头较短。吻圆钝。眼小，两眼均在头右侧，下眼位置较上眼稍后。眼间隔较宽，约为眼径的 1/2。口小，前位，近弧形，左右不对称。上下颌前端约等长。有眼侧上下颌无齿；无眼侧上下具绒毛状细齿，排列呈带状。舌短。唇薄。鳃孔窄，鳃耙针尖状。肛门偏于无眼侧。体两侧均被小栉鳞，奇鳍鳍条和偶鳍基部被小鳞。侧线直。背鳍和臀鳍均与尾鳍相连。有眼侧胸鳍呈镰刀状；无眼侧胸鳍退化。腹鳍小。尾鳍后缘狭圆，有眼侧浅黄褐色，满布黑色横带，成对平行排列。胸鳍、尾鳍黑色，尾鳍上散布有黄色斑点。无眼侧白色或稍带淡黄色。奇鳍边缘黑色。

生态习性：温水性近海底层鱼类。喜栖沙泥底质海区。5—6 月在近岸产卵，之后分散索饵；11—12 月离岸向深水移动。生长缓慢。底栖动物食性，主要食料为甲壳类、多毛类等小型种类。

地理分布：分布于辽宁沿海及我国沿海。国外见于朝鲜、日本、印度尼西亚。

经济价值：沿海常见经济鱼类，但个体不大，经济价值一般。

半滑舌鳎 *Cynoglossus semilaevis* Günther

俗　　名：鳎板鱼

英 文 名：Half-smooth tongue-sole

日 文 名：カラアカシタビラメ

分类地位：鲽形目、舌鳎科、舌鳎属

形态特征：体甚延长，呈舌状，左右不对称。头短，头长小于头高。吻短。眼较小，两眼均在头左侧，上眼位置较下眼稍前。口小，下位，口裂半月形，左右不对称，无眼侧弯度较大。有眼侧上下颌无齿，无眼侧上下颌具绒毛状细齿，呈带状排列。鳃孔窄。前鳃盖骨边缘不游离。鳃耙退化为细小尖突。肛门偏于无眼侧。鳞小，有眼侧被栉鳞，无眼侧被圆鳞或间有弱栉鳞，尾鳍被小鳞，其余各鳍无鳞。有眼侧侧线3条，无眼侧无侧线。背鳍和臀鳍均与尾鳍相连，均为不分枝鳍条。无胸鳍。有眼侧腹鳍与臀鳍相连，无眼侧无腹鳍。尾鳍尖形。有眼侧暗褐色或褐色，奇鳍黑褐色；无眼侧白色。

生态习性：温水性近海底层鱼类。喜栖泥沙底质海区。随季节变化在近岸浅水和离岸深水之间移动。5—10月多栖息于沿海近岸，冬季移向较深水域。个体大，生长快。9—10月产卵。卵浮性，球形。底栖动物食性，主要食料为小型虾、蟹类和小型鱼类。

地理分布：分布于辽宁沿海及我国沿海。国外见于朝鲜、日本、俄罗斯远东海区。

经济价值：肉嫩、味美，是名贵经济鱼类，现已可人工育苗、养殖。

绿鳍马面鲀 *Navodon modestus*（Günther）

俗　　名：皮匠鱼、扒皮鱼

英 文 名：Bluefin leatherjacket

日 文 名：馬面剥

分类地位：鲀形目、革鲀科、马面鲀属

形态特征：体侧扁，长椭圆形，体长大于体高的2倍。尾柄中大，长大于高。吻尖长。眼中等大，上侧位，位于头的后部。鼻孔每侧2个，位于眼前上方。口小，前位。下颌长于上颌。上颌齿2行，下颌齿1行。唇发达。鳃孔较大，斜裂。鳞细小，具绒毛状小刺。无侧线。背鳍2个。第一背鳍具2鳍棘；第二背鳍长，始于肛门上方。臀鳍与第二背鳍相似，始于第二背鳍第七至第八鳍条下方。胸鳍短而圆，侧位。两腹鳍退化，合成一短棘。尾鳍截形，后缘微凸。体蓝灰色，体侧有不规则暗斑。背鳍、臀鳍、胸鳍蓝绿色，尾鳍淡蓝色，鳍膜白色。

生态习性：暖温性、洄游性底层鱼类。一般栖息于水深100m以内的海区。喜集群，在越冬和产卵期间有明显的昼夜垂直移动现象。产卵期为4—5月。该鱼也喜在藻类养殖区的筏子周围觅食浮游生物和贝类等附着生物。

地理分布：分布于辽宁沿海及我国沿海。国外见于朝鲜、日本。

经济价值：沿海常见重要经济鱼类。

红鳍东方鲀 *Takifugu rubripes*（Temminck *et* Schlegel）

俗　　名：黑廷巴

英 文 名：Redfin puffer

日 文 名：トラフグ

分类地位：鲀形目、鲀科、东方鲀属

形态特征：体近圆柱形，向后逐渐狭小。头较大。吻圆钝。眼小，上侧位。眼间隔宽平，微凸。鼻孔每侧2个。口小，前位。上下颌约等长，各具2枚喙状齿。唇发达。鳃孔中等大，位于胸鳍基前方。腹侧皮棱发达。头部及体背、腹面具强小刺。侧线发达。背鳍呈镰刀形。臀鳍与背鳍同形。胸鳍近方形，短宽。尾鳍截形。通常头体背面均呈黑色，少数个体有许多不规则小黑斑，周缘有模糊而不完整的白色边缘。胸鳍后上方具一圆形大黑斑，有白色边环。黑斑的前方、下方、后方至尾柄有不规则圆形小黑斑。腹部白色。背鳍、尾鳍黑色。臀鳍白色或外缘有少许灰色。胸鳍灰黑色（幼鱼灰色）。

生态习性：平常生活于沿岸海区，冬季移向深海。肉食性鱼类，幼鱼主要摄食贝类、甲壳类等的幼体、小鱼及乌贼幼体；成鱼摄食甲壳类、贝类、鱼类等。雌鱼3龄性成熟，雄鱼2龄性成熟。怀卵量20万～200万粒。产卵场在黄海北部和渤海湾沿岸，产卵期主要集中于5月初至6月中旬。

地理分布：分布于辽宁沿海及我国黄海、渤海、东海。国外见于朝鲜、日本。

经济价值：具强毒，除去内脏和血液后可以食用。味鲜美。经济价值很高，为重要的出口商品。现已大量人工养殖，养殖个体毒素明显减少。

黄鮟鱇 *Lophius litulon*（Jordan）

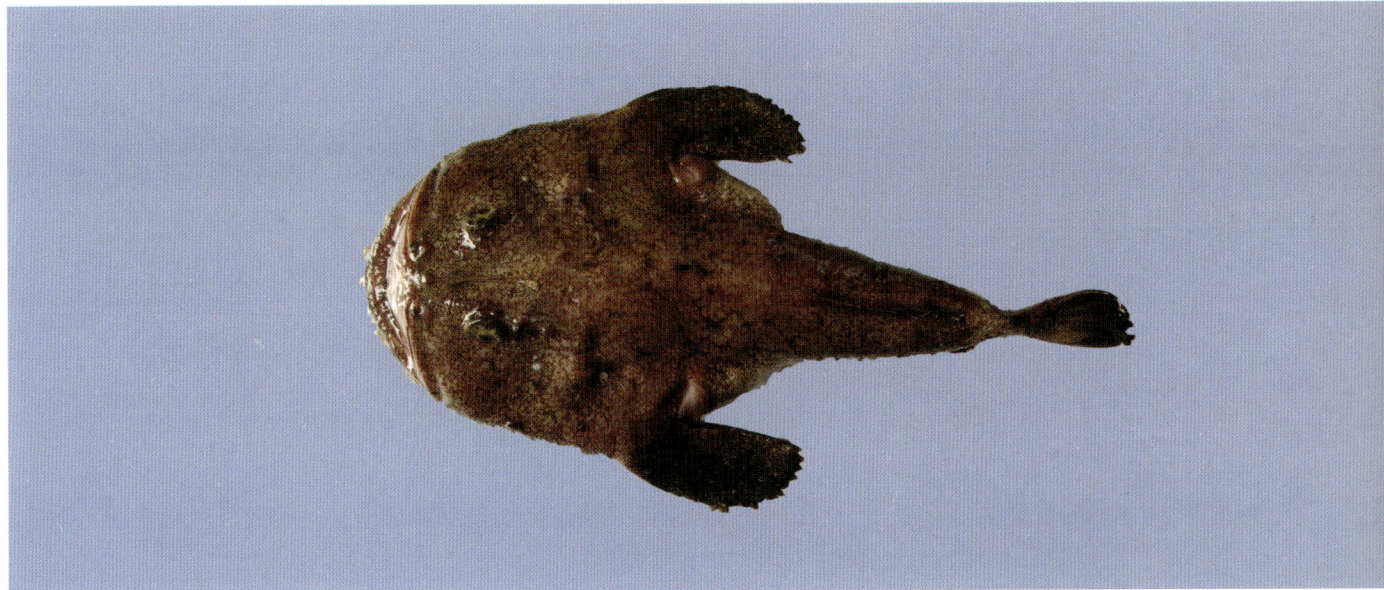

俗　　名：蛤蟆鱼

英 文 名：Yellow goosefish

日 文 名：キアンコウ

分类地位：鮟鱇目、鮟鱇科、鮟鱇属

形态特征：体前部平扁，呈圆盘状，向后渐细尖，呈柱状。头大，平扁。吻宽阔，背面中央无大凹窝。眼较小，位于头背方。下颌显著长于上颌，上颌能伸缩。上下颌、犁骨和舌上均有大小相间、能向内侧倒伏的犬齿。鳃孔宽大，沿胸鳍外侧腹面向后绕过腋部达胸鳍后基背面后上方。体无鳞。上下颌及体背面有大小不等的皮瓣。背鳍2个，第一背鳍前2鳍棘位于吻背部中央，顶端有穗状皮瓣，后3鳍棘依次渐短；第二背鳍位于体后方。臀鳍起点稍后于第二背鳍起点。胸鳍宽大，圆形，侧位。腹鳍短小，喉位，起点位于眼后缘或稍后。尾鳍近似截形。体背面浅灰色，布满紫褐色网状纹，鲜时有金黄色金属光泽。各鳍均为黑色。腹面为白色或浅灰色。

生态习性：近海底层鱼类。常栖息于海底，以第一背鳍鳍棘上的肉质皮瓣做"钓饵"诱捕小鱼。

地理分布：分布于辽宁沿海及我国河北、山东、江苏沿海。国外见于朝鲜、日本。

经济价值：肉味鲜美，冬季味道最佳，夏季较差，可制成干品。

贝 类

皱纹盘鲍 *Haliotis discus hannai* Ino

俗　　名：鲍、石决明、海耳、虾夷盘鲍、鲍鱼

英 文 名：Abalone

日 文 名：エゾアワビ

分类地位：原始腹足目、鲍科、鲍属

形态特征：贝壳大，椭圆形，较坚厚，向右旋，壳长可达120～130mm，体重可达250g。壳顶钝，微突于贝壳表面。螺层3层，第二层的中部至体螺层的边缘有一排突起的小孔，末端4～5个开口，呈管状。壳面为深绿褐色，表面粗糙，生长纹明显。壳内面呈银白色，有绿、紫、珍珠等彩色光泽。壳口卵圆形，与体螺层大小相等。足部特别发达肥厚，分为上下足。腹面大而平，适宜附着和爬行。

生态习性：喜栖息于水质清晰、水流畅通、海藻丰富、水深1～20m的海区。营匍匐生活。足部紧贴于岩石上，昼伏夜出。移动速度慢。冬季水温低时向深水移动，初夏水温回升后逐渐向浅水移动。鲍以褐藻为主要食料，兼食绿藻、红藻、硅藻及少量的小型动物。

地理分布：分布于我国北部沿海，辽宁、山东产量较多。

经济价值：我国所产鲍中个体最大者。为海产中的珍品。除鲜食外，亦可加工成罐头或鲍鱼干。鲍贝壳为中药石决明，又是制作贝雕画的重要材料。近年人工养殖发展迅猛，是北方主要的海水养殖品种之一。

锈凹螺 *Chlorostoma rusticum*（Gmelin）

俗　　名：马蹄螺

分类地位：原始腹足目、马蹄螺科、凹螺属

形态特征：贝壳呈中塔形，壳质坚厚。有高、矮两种类型，一般壳高15～25mm，螺层5～6层，自上而下迅速增大，缝合线浅。壳表面褐色，有铁锈斑纹。体螺层低平，壳周略膨圆，壳表各层有显著斜行肋线，在基部两三层特别明显，放射肋较稀疏，肋上的黑锈色更深。壳口马蹄形，壳内面灰白色，表面下具珍珠光泽，外唇薄，具一褐色和黄色相间的镶边，内唇厚，上方向脐孔处延展，形成一个白色遮缘，下方向壳口延展，形成一弱齿突起。脐圆形，大而深。厣角质，圆形，有环纹，核位于中央。

生态习性：主要生活于潮间带的中、低潮区，以及水深20～50m的沙底和岩礁海底。草食性，喜食褐藻和红藻。

地理分布：我国南北沿海均有分布，但在黄海、渤海习见。

经济价值：肉可食用，壳可入中药，有平肝潜阳的作用。

单齿螺 *Monodonta labio* Linnaeus

俗　　名：芝麻螺

英 文 名：Lipped periwrinkle

日 文 名：イシダタミガイ

分类地位：原始腹足目、马蹄螺科、单齿螺属

形态特征：壳呈圆锥形，小型，壳质坚厚。一般高 1～2cm。螺层 6~7 层，各层宽度自上而下明显增大，缝合线浅。壳表螺旋形肋明显，与生长线互相交结成许多方块形颗粒。壳面颜色多为暗绿色，夹以杂色。壳口稍斜，略呈桃形。壳内面白色，外唇边缘薄，向内增厚，形成半环形的齿列，具 8~9 个弱齿状突起，内唇厚，顶部形成滑层遮盖脐孔，基部形成一个强尖齿，具有珍珠光泽。厣角质，圆形，棕褐色，多旋形，核位于中央。

生态习性：生活于潮间带的中、低区的岩石缝间或石块下，喜群集栖息，喜食褐藻和红藻。繁殖季节从低潮线向高潮线移动，在 6 月性腺发育成熟，7—8 月为繁殖季节，至 9 月性腺已退化。

地理分布：我国南北潮间带分布最广的贝类之一。

经济价值：肉可食用。

微黄镰玉螺（福氏玉螺）*Lunatia gilva*（Philippi）

俗　　名：棕色玉螺

分类地位：中腹足目、玉螺科、镰玉螺属

形态特征：贝壳卵圆形，壳高约4cm，壳质薄而坚。螺层约7层，缝合线明显，螺旋部高起，呈圆锥形，约占壳高的1/3，体螺层较膨大。壳面光滑无肋，生长纹细密。壳面黄褐色或灰黄色，螺旋部多呈青灰色，愈向壳顶色愈浓。壳口卵圆形，内面为灰紫色，外唇薄，易破。内唇中部形成一个结节。脐孔深，不十分宽大，下半部几被结节覆盖。厣角质，栗色，核位于基部的内侧。

生态习性：适应性较强，通常在软泥质的海底生活，但在沙及泥沙质的滩涂也有栖息，大都在潮间带的浅海海滩活动，在夏秋间产卵。肉食性。

地理分布：在黄海、渤海沿岸广泛分布，向南可分布到东海。朝鲜和日本也有分布。

经济价值：肉味鲜美可食，也可加工运销外地。但因其自身是肉食性动物，故对滩涂养殖贝类有害。

扁玉螺 *Neverita didyma*（Röding）

俗　　名：香螺、面包螺、肚脐螺、大玉螺、肉螺

英 文 名：Hepatic moon shell

日 文 名：ツメタガイ

分类地位：中腹足目、玉螺科、扁玉螺属

形态特征：贝壳呈半球形，坚厚，背腹扁而宽，螺层约5层。壳顶低小，螺旋部较短，体螺层宽度突然加大。壳面光滑无肋，生长纹明显。壳面呈淡黄褐色，壳顶为紫褐色，基部为白色。在每一螺层的缝合线下方有一条彩虹样的褐色色带。壳口卵圆形，外唇薄，呈弧形；内唇滑层较厚，中部形成与脐相连接的深褐色胼胝，其上有一明显的沟痕，脐孔大而深。厣角质，黄褐色。

生态习性：生活于潮间带至水深50m左右的沙和泥沙质海底，通常在低潮区至10m左右水深处生活，常潜入水底猎取其他贝类为食物，8—9月产卵。肉食性。

地理分布：我国沿海习见的种类。朝鲜半岛、日本以及东南亚沿海也有分布。

经济价值：其肉大多可食用，但因其自身是肉食性动物，为滩涂养殖贝类的敌害之一。

斑玉螺 *Hatica tigrena*（Röding）

俗　　名：花螺、香螺、蚶虎

日 文 名：ゴマフダマ

分类地位：中腹足目、玉螺科、玉螺属

形态特征：贝壳近球形，壳薄，结实。壳高 27mm，宽 24mm，螺层约 5 层。缝合线较深，螺层稍膨圆。螺旋部低小，体螺层膨大。壳面平滑。生长纹细密，壳顶紫色，其余均为黄白色，密布排列不规则的紫褐色斑点，有时斑点相互连接形成断续纵走条纹，基部白色，无花纹，常被有淡黄色壳皮，易脱落。壳口卵圆形，内白色，外唇薄，呈弧形，内唇具滑层，上部薄，中下部厚，中部形成一中等大小的结节贴于脐的外方，脐孔大，不深。

生态习性：生活在泥沙和泥质的海滩，从潮间带至 10m 左右水深的海底都有分布。肉食性，常以牡蛎、缢蛏和蚶等为猎取对象，其猎食幼贝尤为严重。

地理分布：我国南北沿海常见的种类。此外，日本、菲律宾、爪哇等地均有分布。

经济价值：其肉味美，青岛有"香螺"之称。

古氏滩栖螺 *Batillaria cumingi*（Crosse）

日 文 名：ホソウミニナ

分类地位：中腹足目、汇螺科、滩栖螺属

形态特征：贝壳呈尖塔形，壳高25mm，宽8mm，壳质结实。螺层约12层，壳顶尖，但常腐蚀。螺旋部高，体螺层低。壳面除壳顶光滑外，其余壳面具较低平而细的螺肋和纵肋，纵肋有变化，通常在壳的后部出现至前部消失。壳面为黑灰色，在缝合线下面通常有1条白色螺带，在低平的螺肋上有时出现白色斑点。壳口卵圆形，内有褐、白相间的条纹，外唇薄，其后微显凹陷；内唇滑层稍厚，其前后端具肋状隆起。前沟短，呈缺刻状。厣角质，圆形，多旋，核位于中央。

生态习性：生活在潮间带高、中潮区，有淡水注入的滩涂和泥沙滩上，常喜云集，对海水坡度要求较低。

地理分布：为黄海、渤海常见种类，向南可分布到福建沿海。朝鲜、日本（北海道至九州）也有分布。

经济价值：肉可食。

强肋锥螺 *Turritella fortilirata* Sowerby

日 文 名： エゾキリガイダマシ

分类地位： 中腹足目、锥螺科、锥螺属

形态特征： 贝壳呈尖锥形，壳高70mm，宽16mm，壳质结实。螺层约18层，缝合线较深，螺层膨圆，螺层的高、宽度增长均匀。壳顶尖，常折损，螺旋部高，体螺层短。壳面粗糙，生长纹明显。壳顶光滑，其余壳面具有较强的螺肋4～5条及细的间肋，螺肋的数目在贝壳后方渐减少，强度也渐弱。壳面黄褐色。壳口近圆形，简单，外唇薄，常破损，内唇稍厚。厣角质，圆形，栗色，多旋，核位于中央。

生态习性： 生活于潮下带水深29～63m的泥沙质海底，以栖息在40m以上水深的较多。

地理分布： 北方种，在黄海分布的南限为北纬35°。日本等地也有分布。

经济价值： 肉可食，亦为底栖鱼类的饵料。

香螺 *Neptunea arthritica cumingii* Crosse

俗　　名：海螺

英 文 名：Neptune

分类地位：新腹足目、蛾螺科、香螺属

形态特征：属于中大型贝类，体型近菱形，结实。螺层约7层，缝合线明显，壳顶呈乳头状。在壳顶的第一个螺层甚小为胎壳，以下逐渐增大而以体螺层最大，体螺层长度几达壳全长的2/3。纵肋在壳顶以下的第2~5螺层较为清楚，各螺层表面肩部以上有3~5条螺旋状的螺肋排列，而螺肋之间还有细螺肋存在，肩部以下有2条螺旋状的较粗螺肋。螺层外貌为谷仓形，因此螺层的肩部很明显，而具有多个扁三角形的突起。贝壳颜色为肉色，表面有土棕色、绒布状感觉的壳皮。壳口甚大与前水管沟相连接，外唇弧形，内唇微曲。无脐。厣角质，梨形，核位于前端。

生态习性：生活在潮下带，水深从数米至80余米泥质或岩石质的海底，5—6月为产卵期。

地理分布：北方种，黄海、渤海沿海较常见。朝鲜、日本海也有分布。

经济价值：肉肥大，味美，供食用。其肉、贝壳和厣均可做药用。

脉红螺 *Rapana venosa*（Valenciennes）

俗　　名：红螺、菠螺、海螺

英 文 名：Veined rapa whelk

日 文 名：アカニシ

分类地位：新腹足目、骨螺科、红螺属

形态特征：贝壳大，壳质宽厚，螺层约7层，缝合线比较浅，螺旋部小，体螺层膨大，基部收窄。壳面除壳奇峰光滑外，其余壳面密生较低的螺肋和结节。各螺层的中部和体螺层的上部具肩角，肩角上有角状突起，体螺层的肩角下部有3~4条具有结节或棘状突起的粗螺旋肋。壳面黄褐色，具棕色或紫棕色斑点。假脐。厣角质。

生态习性：幼贝生活在低潮线附近岩石间，成贝多生活在低潮线以下的数米深的海底，有时钻入泥沙内生活。5—8月产卵。卵子包于革质鞘内，鞘狭长，很多个相连附着在岩石或其他物体上。肉食性。

地理分布：主要分布于渤海、黄海、东海与南海，日本沿海和朝鲜半岛沿海。在我国青岛、大连和大东沟等地产量较大。

经济价值：肉肥大，可食，味美；贝壳可供贝雕工艺作原料及诱捕章鱼之用。为渔民生产对象。

疣荔枝螺 *Thais clavigera*（Küster）

俗　　名：辣螺

英 文 名：Dog whelk，Rock whelk

日 文 名：イボニシ

分类地位：新腹足目、骨螺科、荔枝螺属

形态特征：贝壳呈卵圆形，壳质紧厚，壳较小。螺层约6层，缝合线浅。螺旋部低，约为壳高的1/3，体螺层大，略膨胀。壳顶光滑，具黑灰色疣状突起，突起在螺旋部每层中部有1环列，体螺层有5环列。壳面密布细螺肋和生长线。壳口卵圆形，内常具粒状突起及肋，外唇缘具肋纹；内唇直而光滑。前沟短。厣角质，褪色，少旋。

生态习性：生活在中、低潮区的岩石缝隙及石块下面，多时数十个或成百个集在一起，7月产卵，卵鞘附着在岩石上，每个卵鞘内含卵子很多，初产的卵鞘呈鲜黄色后变为紫色。以藤壶、双壳贝类为食。

地理分布：黄海、渤海沿岸常见种，向南可分布到广东省沿岸。日本也有分布。

经济价值：肉可食，有辣味，故有"辣螺"之称。其贝壳可医皮肤病；肉可治胆囊炎，并可降血压。

泥螺 *Bullacta esarata*（Philippi）

俗　　名：吐铁、麦螺、梅螺、土螺

英 文 名：Say's paper-bubble

分类地位：头楯目、阿地螺科、泥螺属

形态特征：泥螺的贝壳卵圆形，米黄色薄而脆。螺旋部内旋，2螺层，体螺层膨胀，为贝壳之全长。壳表具有细密的螺旋沟，生长线明显，壳口大，肥厚的螺体不能完全缩入壳内。足肥大，前端微凹，后端截断状，侧足发达，掩盖贝壳的两侧。外套膜薄，被贝壳包被。

生态习性：生活于泥沙底和软泥底，对底质有很强的适应能力，在沙泥、沙质底质中也能生存。春、秋季爬出泥层在滩涂面上摄食，夏季烈日暴晒下极少爬出滩涂表面，而夜晚则频繁活动在滩涂上。生存温度为−1.5～33℃，其中以0～30℃较适宜生存和生长。不同产地的泥螺可在1.84～28.80盐度内生存。个体可缓慢爬行。

地理分布：我国沿海广泛分布。日本、朝鲜也有分布。

经济价值：味道鲜美，营养丰富，既可食用又具一定医药作用。盐腌酒渍加工成泥螺罐头，销往港澳台及东南亚，螺肉切片加工速冻亦畅销欧美市场。

魁蚶 *Scapharca broughtonii*（Schrenck）

俗　　名：赤贝

英 文 名：Concha aracae

日 文 名：アカガイ

分类地位：蚶目、蚶科、毛蚶属

形态特征：贝壳大，斜卵圆形，极膨胀，左右两壳稍不相等，左壳稍大于右壳，壳顶膨胀突出。贝壳前端短圆，后端延伸，末缘呈斜截状；壳顶部膨胀，壳顶偏前方；北部前后缘略显钝角，腹缘圆，其末缘稍伸长。壳表有放射肋42条左右，平滑无明显结节，肋和肋间沟的宽度大致相等。壳白色，表面被棕色毛状壳皮，在边缘处更发达，呈黑棕色。壳内面白色，边缘具强壮的齿状突起，铰合部平直、狭长，齿细小、排列紧密。

生态习性：栖息于潮间带以下至数十米水深的浅海区，范围通常为10～60m，喜泥质或泥沙质海底，是一种大型海洋底栖经济贝类。

地理分布：主要分布在我国、朝鲜半岛及日本沿海。

经济价值：魁蚶个体肥大，肉嫩味美，营养丰富，多含血红素和维生素B_{12}，商品价值高，备受沿海居民喜爱，尤其受到日本人的推崇。近十余年来一直是黄海、渤海区渔民的采捕对象，也是我国对外出口的一种重要水产品。

毛蚶 *Scapharca subcrenata*（Lischke）

俗　　名：毛蚬子

英 文 名：Ark shell

日 文 名：サルボウガイ

分类地位：蚶目、蚶科、毛蚶属

形态特征：贝壳呈长卵圆形，壳高3～4cm，壳长4～5cm，宽3cm。壳质坚厚，壳外面隆起，有棕褐色绒毛，通常两壳大小不等，右壳稍小。背侧两端略显棱角，腹缘前端圆，后端稍延长。壳顶突出，向内卷曲，位置偏向前方，两壳顶距离不很远。壳面有放射肋31～39条，主要集中在34～36条，无粒状突起，肋上有方形小结节，状似瓦垄。生长纹在腹侧极明显。壳面白色，被有褪色绒毛状壳皮。壳内白色，壳缘具齿。铰合部很窄，呈直线形，齿细密。

生态习性：常生活于低潮线至水深几十米的浅海底，底质多为泥沙或泥底。

地理分布：我国以河北、辽宁产量最大，日本、朝鲜和我国各省沿海均有分布。

经济价值：在我国产量和经济价值较大，但由于受环境污染的影响，自然资源有减少的趋势，亟待进行资源保护。

紫贻贝 *Mytilus galloprovincialis* Linnaeus

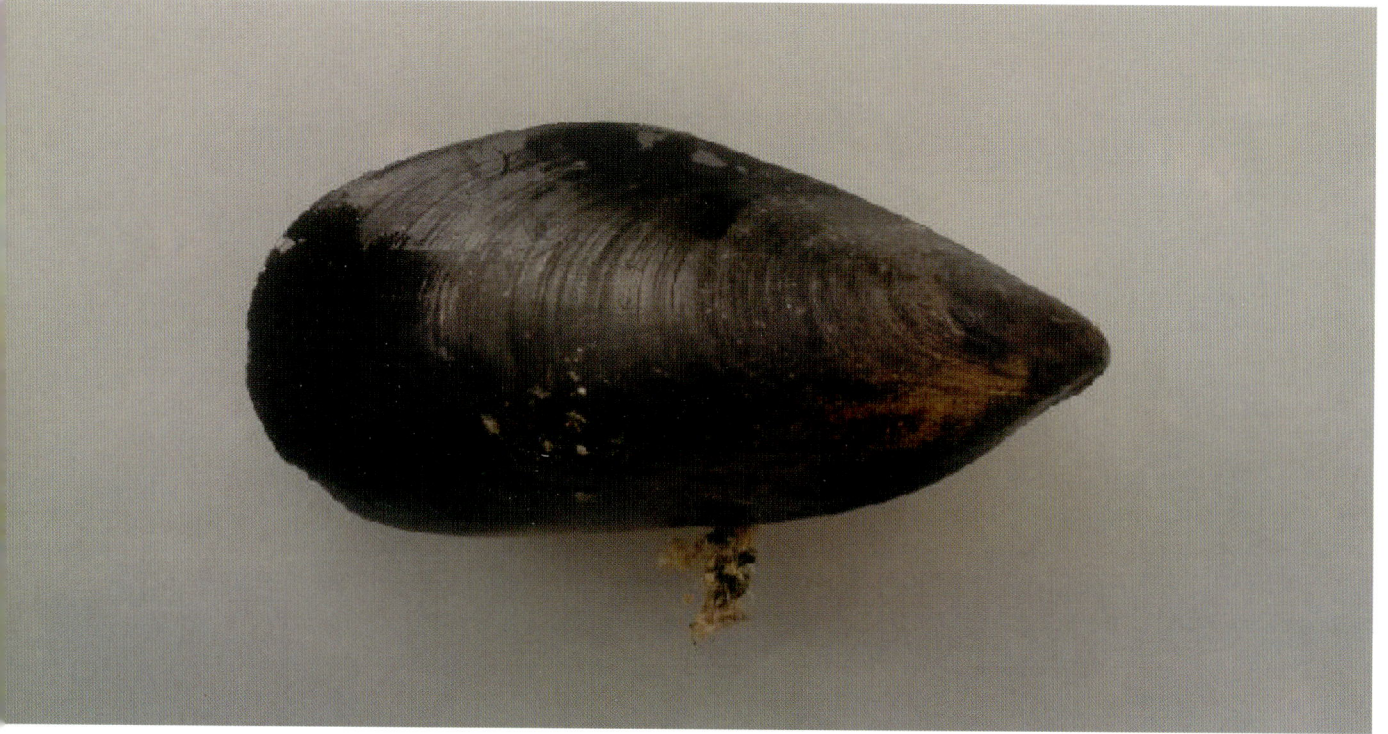

俗　　名：海红，淡菜

英 文 名：Blue mussel, Common mussel

日 文 名：ムラサキイガイ

分类地位：贻贝目、贻贝科、贻贝属

形态特征：壳呈楔形，前端尖细，后端宽广而圆。一般壳长6～8cm，壳长小于壳高的2倍。壳薄。壳顶近壳的最前端。两壳相等，左右对称。壳面紫黑色，具光泽，生长纹细密而明显，自顶部起呈环形生长。壳内面灰白色，边缘部为蓝色，有珍珠光泽。铰合部较长，韧带深褐色，约与铰合部等长。铰合齿不发达。后闭壳肌退化或消失。足很小，细软。

生态习性：生活力强，一般在低潮线附近有分布，但自低潮线下0.7～2m间生长密度较大。多以足丝附着在潮流通畅的岩石上生活。生长速度较快，1年平均壳长可达60mm以上。食物主要是浮游硅藻、原生动物及有机碎屑等。

地理分布：广布于世界北半球。

经济价值：具有分布广、适应性强、繁殖力强、生长快、产量高、营养丰富等特点。在人工培育后，在东海和南海某些海区也能生长和发育。成为浅海贝类养殖的主要品种之一。

厚壳贻贝 *Mytilus coruscus* Gould

俗　　名：海红、淡菜

日 文 名：イガイ

分类地位：贻贝目、贻贝科、贻贝属

形态特征：贝壳呈楔形，较紫贻贝大且厚。壳顶细尖，位于壳的最前端。壳长是壳高的2倍。贝壳后缘圆，壳面由壳顶沿腹缘形成一条隆起，将壳面分为上下两部分，上部宽大斜向背缘，下部小而弯向腹缘，故两壳闭合时在腹面构成一菱形平面。生长线明显，但不规则。壳面棕褐色，顶部常被磨损而显露白色，边缘向内卷曲成一镶边。壳内面紫褐色或灰白色，具珍珠光泽。足丝粗硬、黄色，极发达。

生态习性：生活于潮间带至20m水深处，附着在浪击带的岩石上。

地理分布：分布于黄海、渤海和东海沿岸，日本和朝鲜半岛远东海也有分布。

经济价值：营养丰富，具有较大的经济价值。

偏顶蛤 *Modiolus modiolus*（Linnaeus）

英 文 名：Horse mussel

日 文 名：ホンヒバリ

分类地位：贻贝目、贻贝科、顶蛤属

形态特征：贝壳较大，壳质较薄但坚硬，近长卵圆形。壳前端较粗圆，腹缘略直，背缘呈弧形，后缘较宽圆。壳顶凸，位于壳前端略偏向背缘。壳面自壳顶向后腹缘具有明显的龙骨突起，呈褐色，壳皮外具有淡黄褐色的壳毛。生长纹细密、明显。贝壳内面呈灰蓝色，略具光泽，壳周缘具有表面壳皮卷入的狭缘；铰合部无齿；韧带长而较宽，呈褐色。足丝孔较明显，位于腹缘中部；足丝淡褐色，细软。

生态习性：营附着生活，以足丝附着在泥沙和碎贝壳等物体上或相互附着在一起生活，栖息于低潮线附近至潮下带水深20m左右的泥沙质海底。

地理分布：冷水广泛分布，常见于黄海和渤海。

经济价值：营养丰富，具有较大的经济价值。

栉江珧 *Atrina pectinata*（Linnaeus）

俗　　名：大海红、海锨、老婆扇、割纸刀、海蚌

英文名：Comb pen shell

日文名：タイラギ

分类地位：贻贝目、江珧科、栉江珧属

形态特征：贝壳大，略呈三角形或扇形。壳顶尖细，背缘直或略凹，腹缘前半部略直，后半部则逐渐突出，后缘直或呈弓形。壳无中央裂缝，表面约有10余条放射肋，肋上具有三角形略斜向后的小棘，但有些个体无棘或不明显，此棘状突出在背缘最后一行多变成强大的锯齿状。成体壳表颜色多呈黑褐色。生长轮脉细密，至腹缘者呈褶状。贝壳内面与壳表颜色相同，壳前半部具珍珠光泽。

生态习性：多栖息在水流不急、风平浪静、沙泥质的内湾。以壳之尖端直立插入沙泥滩中，有足丝附着在粗沙粒、碎壳和石砾上，仅以宽大的后部露出滩面，当它附着于沙泥中以后，终生即不再移动。在自然海区中，两壳稍张开，外套膜竖起，悠然地摆动于海水中，极为美观。退潮时或遇到刺激后，栉江珧仅留壳后缘稍露出滩面，好似一条裂缝。

地理分布：主要分布于印度洋、太平洋海域，在我国主要分布于黄海、东海和南海。

经济价值：经济价值很高的海洋大型贝类，肉质细嫩肥白，营养丰富。鲜贝及"江珧柱"，不仅可供国内市场消费，而且可出口创汇。

栉孔扇贝 *Chlamys farreri*（Jones *et* Preston）

俗　　名：干贝蛤、海扇夫子

英 文 名：Scallop，Little knobby scallop，Farrer's scallop

日 文 名：アズマニシキガイ

分类地位：珍珠贝目、扇贝科、栉孔扇贝属

形态特征：壳面呈紫色或淡褐色，间有黄褐色、杏红色或灰白色。壳高略大于壳长。贝壳形状呈扇面状，左右两壳大小几乎相等。腹缘近似圆形。壳顶位于背缘，略凸。壳顶向前突出一个较大的前耳和向后突出一个较小的后耳，皆呈三角形。前后两耳形状不同，前耳长度约为后耳的2倍。前耳腹面有一凹陷，形成一孔即为栉孔。具足丝，由栉孔伸出。贝壳表面有放射肋，其中左壳有粗肋10条左右，主肋间还有小肋，具棘，右壳约有20条粗肋。贝壳内面颜色较浅。

生态习性：生活于低潮线附近至潮线下水深50m、水流较急、盐度较高、透明度较大的浅海底。用足丝附着在海底岩石或其他物体上生活。正常生活时，通常张开两壳。如果遇到环境不适合，便自动切断足丝，急剧地伸缩闭壳肌，借贝壳张闭的排水力量和海流的力量作短距离移动。常成群居，以足丝互相附着。

地理分布：产于我国北部沿海。

经济价值：经济价值很高。除鲜食外，亦可制成冻扇贝柱或冻鲜贝。用扇贝闭壳肌制成的干品"干贝"是海产八珍之一。

虾夷扇贝 *Patinopecten yessoensis* Jay

俗　　名：虾夷贝

英 文 名：Japanese scallop，Yesso scallop

日 文 名：ホタテガイ

分类地位：珍珠贝目、扇贝科、虾夷扇贝属

形态特征：贝壳大型。右壳较突，黄白色；左壳稍平，较右壳稍小，呈紫褐色。壳近圆形，壳顶位于背侧中央，前后两侧壳耳大小相等。右壳的前耳有浅的足丝孔。壳表有 15～20 条放射肋，右壳肋宽而低矮，肋间狭；左壳肋较细，肋间较宽。壳顶下方有感触形的内韧带。

生态习性：生活于底质较坚硬、淤沙少和水深不超过 40m 的海区，最适生长水温为 15℃，低于 5℃生长缓慢，高于 23℃时生活能力减弱，若长时间持续水温 23℃以上，就会大量死亡。正常盐度为 32.6，pH8.3，相对密度 1.0234，其对较高盐度的忍耐能力比低盐度强。在我国黄海北部其繁殖期为 3 月下旬至 4 月底，盛期为 4 月上中旬。

地理分布：主要分布于西太平洋和中太平洋西部的俄罗斯、日本、朝鲜北部、日本海侧的千岛列岛、库页岛、北海道、青森陆奥湾等地。本种于 20 世纪 80 年代初引入我国，现辽宁大连、长山岛和山东半岛等地为主产地。

经济价值：引进种，现已成为我国北方海域海水贝类的主要养殖对象之一。其个体大、生长快，经济价值高。

143

海湾扇贝 *Argopecten irradians* Lamarck

俗　　名：大西洋内湾扇贝

英 文 名：Bay scallop

日 文 名：ホンアメリカイタヤガイ

分类地位：珍珠贝目、扇贝科、海湾扇贝属

形态特征：海湾扇贝贝壳中等大小。壳较凸，右壳稍高。中顶，后耳大于前耳。具浅足丝孔。壳表多呈灰褐色或浅黄褐色，具深褐色或紫褐色云状花斑，一般左壳的颜色较浅而右壳较深。两壳皆有放射肋 17～18条。肋较宽而高起，肋上长有小棘。生长纹较明显。壳内近白色，闭壳肌痕略显；铰合部细长。

生态习性：耐温范围为−1～31℃，5℃以下停止生长，10℃以下生长缓慢，18～28℃生长较快。对盐度的适应范围广，盐度在16～43之间都能生存，最适生长盐度为21～35。生活于透明度大、不受污染、溶氧较高的海区。滤食海水的微生物、单细胞类、有机碎屑、海洋小型生物。幼虫期营浮游生活，稚贝期营固着生活，成体无足丝，平躺于海底。

地理分布：原产于美国大西洋沿岸，从科德角至新泽西和北卡州均有分布。本种于20世纪80年代初引入我国。

经济价值：在我国北方浅海地区已大规模养殖，是一种较好的经济贝类。

太平洋牡蛎（长牡蛎）*Crassostrea gigas*（Thunberg）

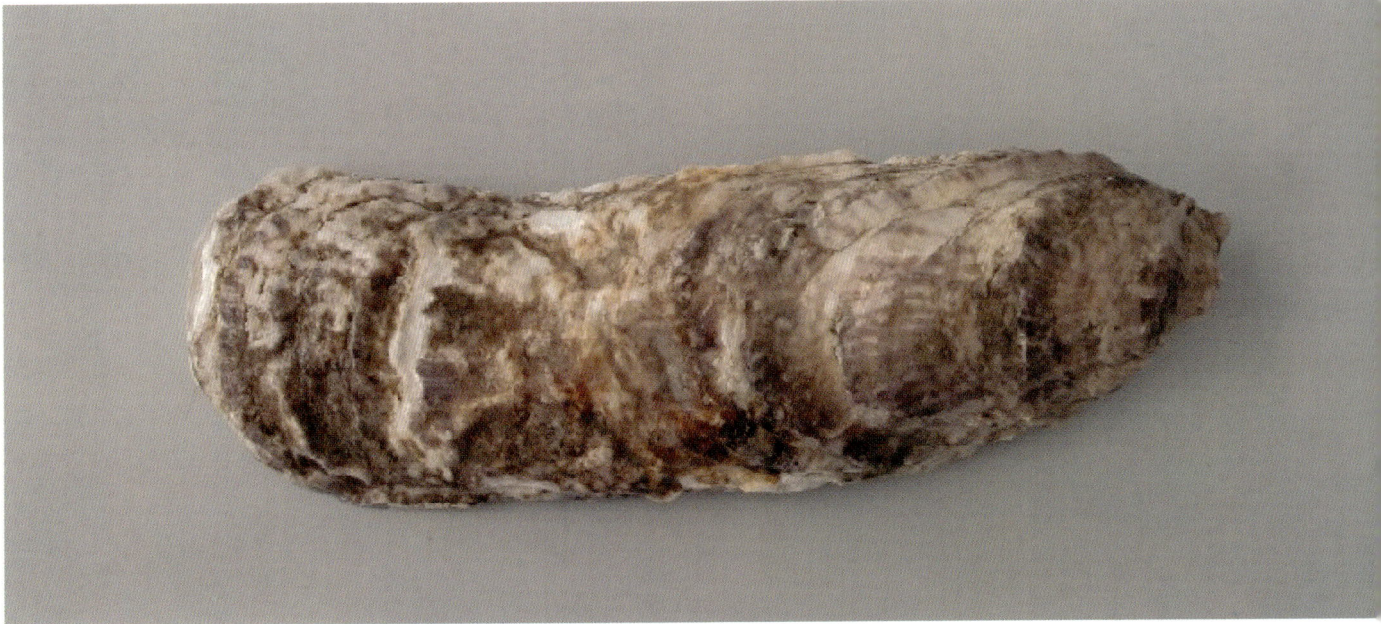

俗　　名：真牡蛎、蚝、白蚝、海蛎子、蛎黄、蚵

英 文 名：Pacific oyster

日 文 名：マガキ

分类地位：珍珠贝目、牡蛎科、巨蛎属

形态特征：贝壳长方形，壳较薄，壳长为壳高的3倍左右。两壳不等，右壳较平，鳞片坚厚，环生鳞片呈波纹状，排列稀疏。放射肋不明显。左壳较大而深陷，壳面鳞片较右壳粗大，壳顶稍突出。壳外面通常呈淡紫色、灰白色或黄褐色，壳内面白色，壳顶内面有宽大的韧带槽。闭壳肌痕大。

生态习性：主要分布在低潮线附近的浅海，营固着生活，以左壳固着于外物上。自然栖息或养殖的牡蛎都由各个年龄的个体群聚而生。为广温性种类，在-3～32℃均能生存，最适温度5～28℃。在盐度为10～37的海区栖息，最适生长盐度为20～31。

地理分布：除分布我国南北沿海外，朝鲜、日本和西太平洋沿岸也有分布。

经济价值：为重要经济贝类，肉味鲜美，营养丰富。除鲜食外，还可速冻、制罐头、加工蚝豉和蚝油，可出口至日本和我国香港、澳门等地。蛎肉还有一定的药用价值。壳可烧石灰。此种牡蛎生长较快，是我国沿海重要的海水养殖品种。

大连湾牡蛎 *Crassostrea talienwhanensis* Crosse

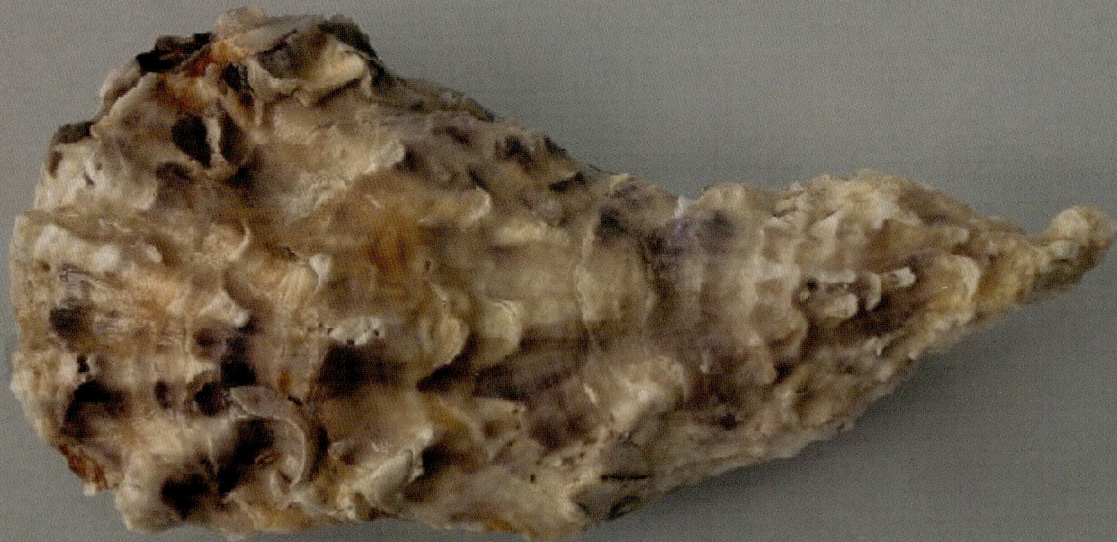

俗　　名：蚝、白蚝、海蛎子、蛎黄、蚵

英 文 名：Oyster

分类地位：珍珠贝目、牡蛎科、巨蛎属

形态特征：贝壳大型，壳顶尖，延至腹部渐扩张，近似三角形。两壳大小稍不等，左壳稍大于右壳，壳顶部鳞片趋向愈合，边缘部分疏松，鳞片起伏呈水波状，放射肋不明显，左壳坚厚中凹，自壳顶部射出数条粗壮的放射肋，鳞片粗壮竖起。壳表面灰黄色，杂以紫褐色斑纹。壳内面为灰白色，有光泽。铰合部小。韧带槽长而深，三角形。闭壳肌痕大。

生态习性：生活在盐度偏高（10～30）的潮间带至20m左右水深的岩石上或泥沙底质有固着的物体上，6—8月为繁殖季节。

地理分布：大连湾牡蛎因其产地在大连湾附近海域而得名，主要分布在黄海、渤海沿岸。

经济价值：为重要经济贝类，肉味鲜美，营养丰富。除鲜食外，还可速冻、制罐头、加工蚝豉和蚝油，可出口至日本和我国香港、澳门等地。蛎肉还有一定的药用价值。壳可烧石灰。是我国沿海重要的海水养殖品种。

近江牡蛎 *Ostrea rivularis* Gould

俗　　名：蚝、蚵、蛎黄、蛎子、海蛎子

英 文 名：Southern oyster

分类地位：珍珠贝目、牡蛎科、牡蛎属

形态特征：贝壳大，壳质坚厚。一般多呈圆形、长卵圆形或三角形。右壳略扁平，较左壳小，表面环生薄而平直的鳞片。壳面有灰、青、紫或棕等色彩。左壳较右壳更厚大，中凹，同心鳞片的层次少而强壮。壳内面白色，边缘为灰紫色。韧带长而阔，紫黑色。闭壳肌痕大，一般为卵圆形，位于中部背侧。

生态习性：多栖息于河口附近盐度较低的内湾、低潮线至水深约7m水域处，营固着生活；适温范围为10～33℃，适盐度范围为5～25，滤食浮游生物等。

地理分布：我国南北沿海常见种。

经济价值：重要经济贝类，肉味鲜美，营养丰富。除鲜食外，还可速冻、制罐头、加工蚝豉和蚝油。蛎肉还有一定的药用价值。壳可烧石灰。近江牡蛎是出口品种，可出口至日本和我国香港、澳门等地。

147

褶牡蛎 *Alectryonella plicatula* Gmelin

俗　　名：蚝、蚵、蛎黄、蛎子、海蛎子

英 文 名：Oyster

分类地位：珍珠贝目、牡蛎科、褶牡蛎属

形态特征：褶牡蛎因外形褶皱较多而得名。贝壳较小，一般壳长 3～6cm。体形多变化，大多呈延长形或三角形。壳薄而脆。左壳平如盖，壳面有数层同心环状的鳞片，无放射肋。右壳甚凹，呈帽状，具有粗壮的放射肋，鳞片层数较少。壳面多为淡黄色，杂有紫褐色或黑色条纹，壳内面白色。

生态习性：生活潮下带至水深30m左右的海底，繁殖季节6—9月，海水盐度27～32.5。

地理分布：我国南北沿海常见种。

经济价值：重要经济贝类，肉味鲜美，营养丰富。除鲜食外，还可速冻、制罐头、加工蚝豉和蚝油。蛎肉还有一定的药用价值。壳可烧石灰。

密鳞牡蛎 *Ostrea denselamellosa* Lischke

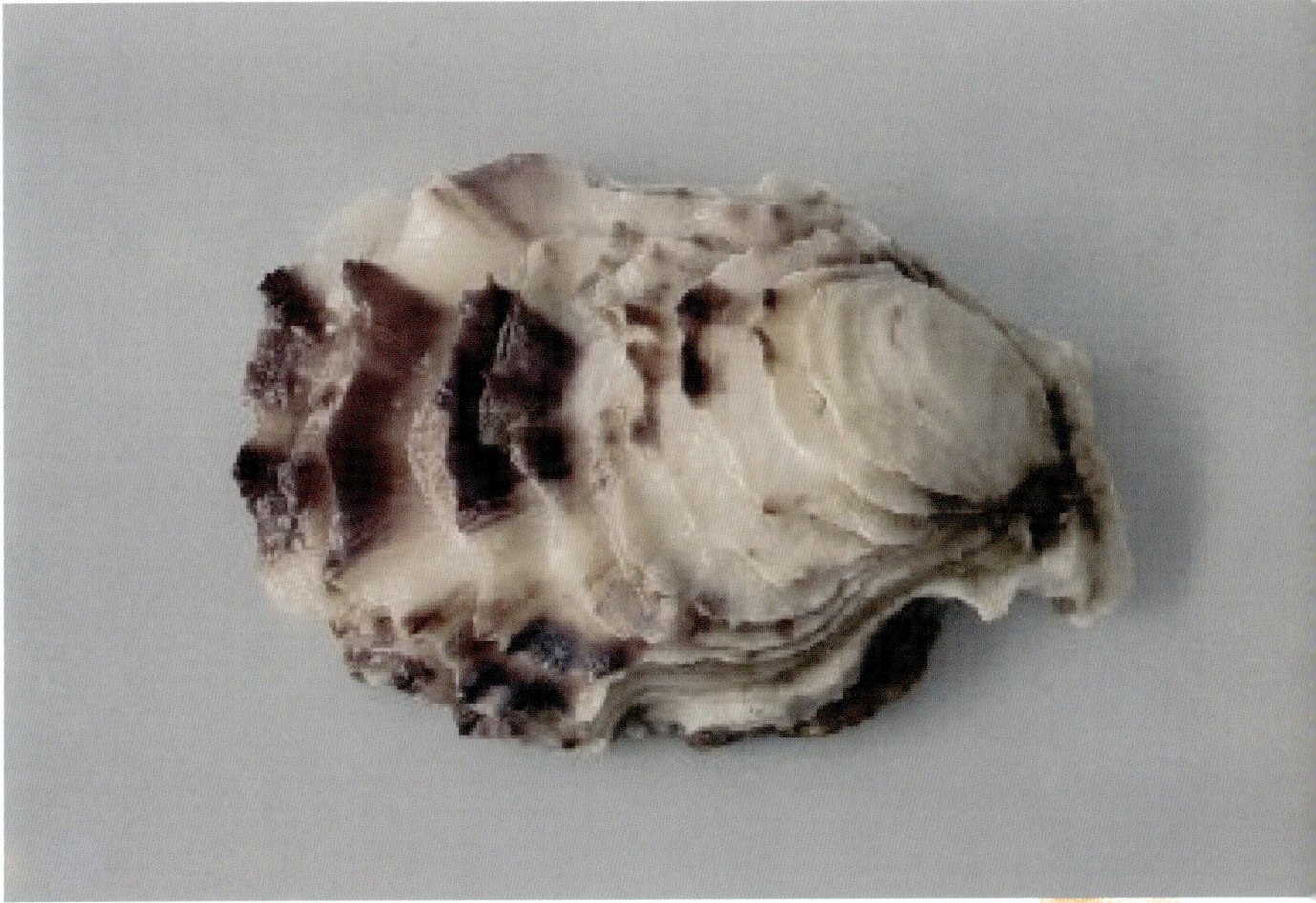

俗　　名：蠔、蠔蛎子

日 文 名：イタボガキ

分类地位：珍珠贝目、牡蛎科、牡蛎属

形态特征：贝壳有圆形、近三角形或方形。壳厚，左壳稍中凹，顶部固着，腹缘环生同心鳞片，自壳顶放出明显的放射肋，壳缘有齿状缺刻，右壳较平，壳顶鳞片常愈合，其他鳞片较密，薄而脆呈舌片状，紧密似覆瓦状排列，鳞片和壳缘形成波状。壳内面白色，壳顶两侧常有一列小齿5～8枚。闭壳肌底大，卵圆形，位于中部背侧。

生态习性：生活潮下带至水深30m左右的海底，繁殖季节6—9月，海水盐度27～32。

地理分布：为黄海、渤海沿岸常见种，向南可分布到广东沿岸。

经济价值：为重要经济贝类，肉味鲜美，营养丰富。蛎肉还有一定的药用价值。壳可烧石灰。是我国沿海重要的海水养殖品种。

加州扁鸟蛤 *Clinocardium californiense* （Deshayes）

俗　　名： 加利福尼亚扁鸟蛤

日 文 名： エゾイシカゲガイ

分类地位： 帘蛤目、鸟蛤科、扁鸟蛤属

形态特征： 贝壳大，壳质坚厚，两壳侧扁，呈圆形，壳顶位于近中央。壳表有暗褐色壳皮，放射肋38条，肋较粗，低平，肋间沟狭窄。有很明显的呈年轮状的生长线。壳表平滑，或有明显的放射肋鳞片。筒状韧带发育良好。铰合部两壳各具2枚主齿和前后侧齿各1枚。双闭壳肌。水管极短。

生态习性： 明显的具有冷水性质的种，生活在10～100m深的浅海底。

地理分布： 分布于黄海北部和中部。日本海、日本的北海道、本州北部、朝鲜海峡都有分布。

经济价值： 近十余年来新开发的海鲜美味食品之一。贝壳富含钙质，可代瓦楞子入药。

中国蛤蜊 *Mactra chinensis* Philippi

俗　　名：飞蛤、黄蚬子

日 文 名：バカガイ

分类地位：帘蛤目、蛤蜊科、蛤蜊属（马珂蛤属）

形态特征：壳略呈三角形，两壳对称。壳顶略偏向前，外韧带不明显。壳面黄褐色，无放射肋，但由壳顶至腹缘有宽度不等的浅黄色与黄褐色相间的放射带或放射条纹。同心状生长纹明显，愈近腹缘生长纹愈粗大。壳内面银白色，壳顶内面为蓝紫色，幼贝更加明显。后闭壳肌痕略大于前闭壳肌痕，在前后闭壳肌上方各有一缩足肌痕。外套窦较宽短。左右两壳各具一主齿，左主齿呈"人"字形。左壳前后方各一齿，单片；右壳前后方齿为双片。内韧带槽位于壳顶基部，内嵌有褐色三角形的内韧带，位于主齿后方。

生态习性：穴居于低潮线附近的细沙滩中。

地理分布：从辽宁至福建南部沿海，北部数量多于南部；日本和朝鲜半岛也有分布。

经济价值：中国蛤蜊以其皮薄肉厚，味道鲜美，营养丰富而备受消费者喜爱，现已成为渔民近海捕捞的主要贝类资源。

四角蛤蜊 *Mactra veneriformis* Reeve

俗　　名：白蚬子、泥蚬子、布鸽头

英 文 名：Mactra quadrangularis

日 文 名：シオフキガイ

分类地位：帘蛤目、蛤蜊科、蛤蜊属

形态特征：贝壳坚厚，略呈四角形。两壳极膨胀。壳顶突出，位于背缘中央略靠前方，尖端向前弯。贝壳具外皮，顶部白色，幼小个体呈淡紫色，近腹缘为黄褐色，腹面边缘常有1条很窄的边缘。生长线明显粗大，形成凹凸不平的同心环纹，贝壳内面白色，铰合部宽大。闭壳肌痕显明，前闭壳肌痕稍小，呈卵圆形；后闭壳肌痕稍大，近圆形；外套痕清楚，接近腹缘。两水管愈合，较长。

生态习性：主要栖息于潮间带低潮线附近及潮线下20m内的沙质海底，营穴居生活，一般可埋栖在沙中5～10cm深，以水管伸出地面摄食和排泄。4—6月生殖腺成熟。属广温广盐性贝类，生存适温为0～30℃，适盐范围为14～37。

地理分布：从我国辽宁到广东的雷州半岛均有分布。日本从北海道至九州也有分布。

经济价值：我国北方产量较大的常见种。除供食用外，多用作对虾养殖饵料。

西施舌 *Coelomactra antiquate*（Spengler）

俗　　名：贵妃蚌、车蛤、沙蛤、土匙、红卵

英 文 名：Cockle，Coelomaetra antiguata

日 文 名：アリソガイ

分类地位：帘蛤目、蛤蜊科、腔蛤蜊属

形态特征：贝壳大，略呈三角形，较薄。壳顶位于壳中部稍靠前方。腹缘圆，壳表具有黄褐色发亮的外皮。顶部淡紫色。生长纹细密而明显。贝壳内面淡紫色，壳顶部颜色较深。铰合部宽大。前闭壳肌痕近方形，后闭壳肌痕卵圆形。

生态习性：生活在潮间带下部的细沙滩中。营埋栖生活，成体埋栖深度达7~10cm，索饵和呼吸时升至表层，退潮时潜居沙中。

地理分布：太平洋西部广为分布的种，我国北起辽宁，南至广东沿海均有分布，日本沿海等分布也较普遍。

经济价值：肉味甘美，营养丰富，为海产珍贵补品。是滩涂养殖经济价值较高的贝类。

文蛤 *Meretrix meretrix*（Linnaeus）

俗　　名：花蛤、黄蛤、海蛤

英 文 名：Clam

日 文 名：ハマグリ

分类地位：帘蛤目、帘蛤科、文蛤属

形态特征：贝壳背缘略呈三角形，腹缘呈圆形，其长度略大于高度，壳质坚厚。两壳大小相等。壳顶突出，位于背面稍靠前方；两壳顶紧接，并向腹面微弯。小月面狭长，呈矛头状。贝壳表面光滑，被有一层黄褐色光滑似漆的壳皮；轮脉清晰，由秃顶开始有锯齿状的褐色带，无放射肋。壳内面灰白色，后部边缘呈紫色。

生态习性：文蛤一般生活在河口附近沿岸内湾的潮间带及浅海区的细沙或泥沙滩中，潜泥深度一般在5～25cm。是广温性动物，适宜生长水温为10～30℃，又是半咸水贝类，对低盐度海水有一定的适应性。具有随水质因子变动或生长习性由中潮区向低潮区下带移动的习性，俗称"跑流"。繁殖期辽宁、山东为7—8月，繁殖最佳水温25℃。

地理分布：我国黄海、渤海、东海、南海沿海均产。

经济价值：肉质细嫩、营养丰富，深受国内外消费者欢迎，是出口创汇的重要水产品之一。我国自20世纪80年代就开始了文蛤的人工增养殖，近年来，各地区的文蛤养殖业发展迅速，已成为我国沿海渔区的一项支柱产业。

紫石房蛤 *Saxidomus purpuratus*（Sowerby）

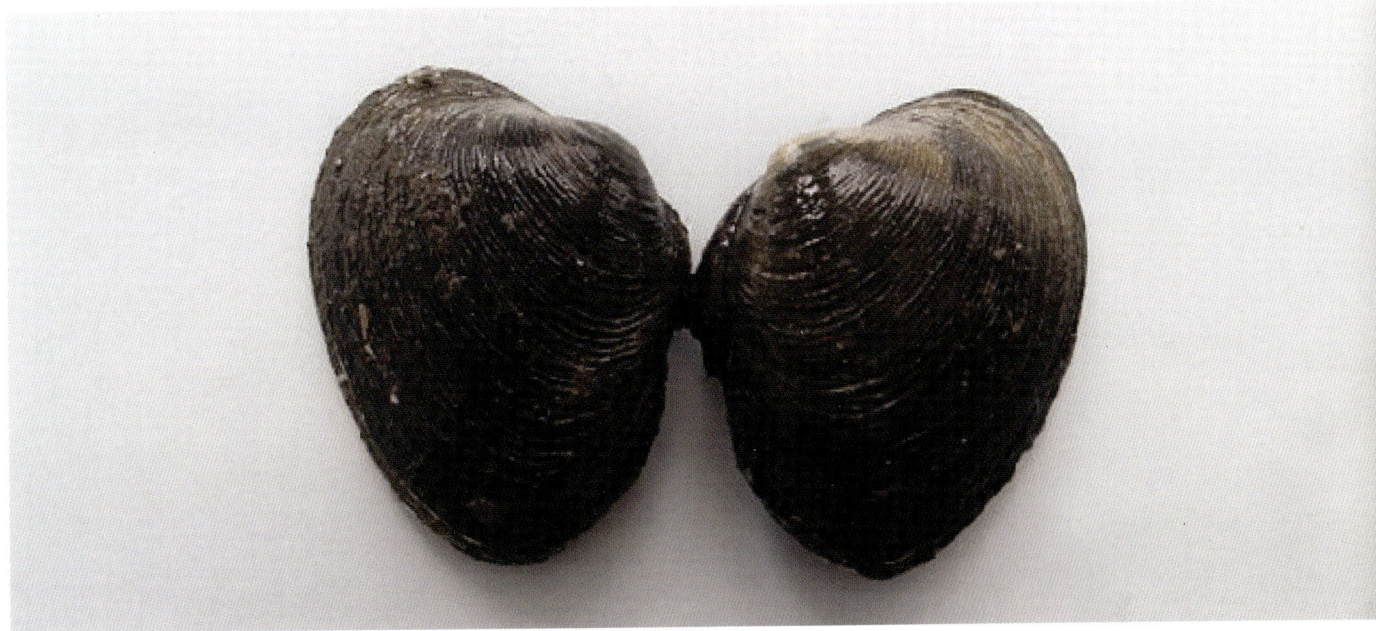

俗　　名：天鹅蛋，大蛤

英 文 名：Wshington-clam

日 文 名：ウチムラサキ

分类地位：帘蛤目、帘蛤科、石房蛤属

形态特征：贝壳大型，壳质极为厚重，大者重可达500g。壳呈卵圆形，壳顶突出，偏于前部，壳高约为壳长的3/4，壳长约为壳宽的2倍。左右两壳坚硬而等大，腹缘较平，后缘略呈截形。壳在腹缘前后不能完全闭合，有缝隙，分别为斧足和水管伸出孔。铰合部宽大，左壳主齿4枚，右壳主齿3枚。生长纹粗密，呈同心圆排列，无放射肋。壳面黑褐色或灰色。壳内面深紫色，具珍珠光泽。外套痕清楚，外套窦痕深而大。前闭壳肌呈椭圆形，后闭壳肌呈桃形。

生态习性：属冷水性贝类，耐寒性很强，栖在0～40m的潮间带，底质由泥沙和沙砾组成。营埋栖生活，埋深10～30cm。生活海区潮流畅通，水质清新，底栖硅藻和腐殖质丰富。体长年增长峰值在3龄，体重年增长峰值在5龄。

地理分布：我国主要分布在辽东半岛南部与山东半岛北部。韩国、日本海沿岸与俄罗斯的远东海域也有分布。

经济价值：个体大，肉味鲜美、营养丰富，是我国重要的经济种类。

日本镜蛤 *Dosinia japonica*（Reeve）

英 文 名：Japanese Dosinia

日 文 名：カガミガイ

分类地位：帘蛤目、帘蛤科、镜蛤属

形态特征：贝壳中大型，壳近圆形，略侧扁，壳质较厚。两壳大小相等，两侧稍不等。壳顶尖，位于贝壳前方1/3处。顶尖倾向前方，由壳顶往前方弯曲、往后方斜直。贝壳前后端圆，由此往腹缘成规则的半圆形。壳面白色。同心生长纹较平、排列紧密，纹间沟窄而浅。在贝壳前后缘的同心生长纹略翘起成薄片状。贝壳内面白色，铰合部宽，其腹缘弯曲。前后闭壳肌痕、外套痕十分清楚，外套窦深，贝壳内缘光滑。

生态习性：生活在潮间带中区至数十米深的细沙和泥沙质的海底，由于水管较长，潜埋较深。

地理分布：我国从北向南均有分布。俄罗斯远东海、朝鲜、日本也广泛分布。

经济价值：优质海产贝类之一，也是沿海群众喜爱的海鲜品。

薄片镜蛤 *Dosinia corrugata*（Reeve）

俗　　名：蛤叉

分类地位：帘蛤目、帘蛤科、镜蛤属

形态特征：贝壳中等大，壳近圆形，壳质较薄扁，壳高与壳长相等，两壳大小相等，两侧稍不等。壳顶靠近前方，小月面呈心脏形，楯面长，呈披针状。外韧带长。贝壳周缘圆，腹缘后部分微显突出。贝壳表面比较粗糙，壳顶部分略平滑，同心生长轮脉细密，可以看出阶段性生长的褶痕。壳表面灰白色，生长纹细密。铰合部宽，两壳各具主齿3枚，左壳具一前侧齿。壳内面白色，前后闭壳肌很明显。外套窦深，前端伸至贝壳中部的前方，呈舌状。

生态习性：埋栖在潮间带中下区泥沙质的海底。

地理分布：我国黄海、渤海沿岸比较常见，向南可以分布到南海。朝鲜、日本本州至九州也有分布。

经济价值：肉供食用。

饼干镜蛤 *Dosinia biscocta*（Reeve）

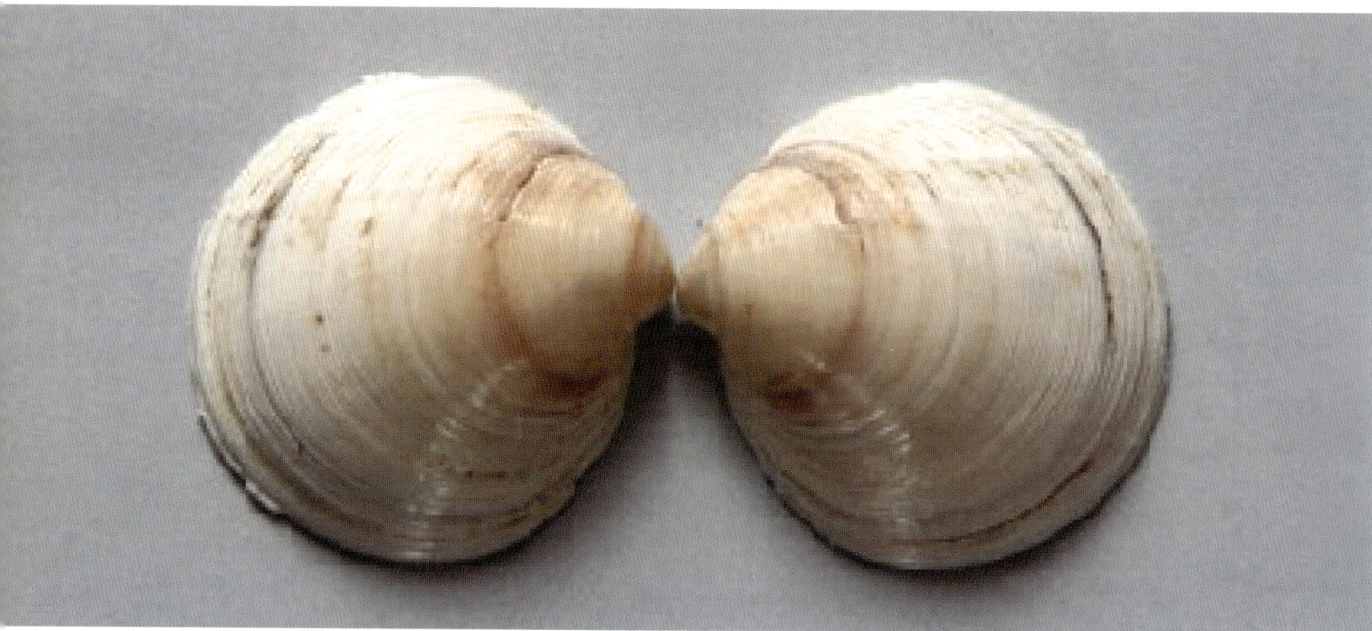

分类地位：帘蛤目、帘蛤科、镜蛤属

形态特征：贝壳中等大，壳近圆形，壳质较厚，稍膨胀。壳高与壳长相等，两侧不等。壳顶突出，并向前弯曲，两壳顶间距离很近，只留一狭缝。小月面呈心脏形，极凹陷，楯面较宽，呈披针状。外韧带不凸出。背缘在壳顶后方倾斜，前方凹入，其余周缘圆。壳表面白色，同心生长纹细密均匀，仅前后端者粗糙。铰合部宽大，两壳各具主齿3枚，壳内白色，前后闭壳肌很明显。外套痕清楚，外套窦较深，呈舌状。

生态习性：埋栖在潮间带中下区沙和泥沙质的海底。

地理分布：我国从北向南均有分布。日本也有分布。

经济价值：肉供食用。

青蛤 *Cyclina sinensis*（Gmelin）

俗　　名：赤嘴仔、赤嘴蛤、环文蛤、海蚬、蛤蜊、圆蛤、黑蚬

英 文 名：Chinese venus

日 文 名：オキシジミ

分类地位：帘蛤目、帘蛤科、青蛤属

形态特征：贝壳近圆形，壳质薄而坚，两壳相等。壳顶突出位于脊侧中央，尖端前方弯曲，壳面有同心生长轮，细而密。前端的小月面及后端的楯面都不清晰。壳顶向两侧膨胀而偏向前方。壳表颜色有白色、棕色、黄色和黑色，1cm以下的幼贝多呈紫色。壳的内面为白色，内壳边缘带有紫色并有细小的锯齿排列，铰合齿发达而坚硬。前闭壳肌痕细长，呈半月形；后闭壳肌痕大，呈椭圆形；外套窦深，呈三角形。

生态习性：多生活在近高潮区和中潮区的泥沙中，并多在有淡水流入的附近栖息，对干旱、温度和盐度等环境适应能力较强。其壳色与底质环境密切相关，含泥多的底质，壳色呈黑色，粉沙质多呈白色。营埋栖生活，生活时以壳的前端向下，后端朝上，以足钻穴，埋于泥沙中，一般深度为9~16cm。其水管较长，为体长的2~3倍，靠排水管摄取食物和排泄。青蛤的迁移性较小。

地理分布：分布在我国南北沿海和河口沿岸的潮间带。朝鲜、日本、琉球群岛也有分布。

经济价值：是优质海产贝类之一，也是沿海群众喜爱的海鲜品。

江户布目蛤 *Protothaca jedoensis*（Lischke）

日文名：オニアサリ

分类地位：帘蛤目、帘蛤科、布目蛤属

形态特征：贝壳近圆形，较膨胀，壳质较厚，两壳大小相等，两侧不等。壳顶先端尖，弯曲，位于背缘靠前方，小月面明显，心脏形，楯面窄，不显著。壳表面具有许多细的放射肋及同心生长轮脉，两者相交叉形成布纹状。表面灰褐色，带有深棕色斑点或条纹。贝壳的内面为灰白色，略具光泽，壳周缘具有凹凸不平的锯齿状缺刻。前闭壳肌痕卵圆形，后闭壳肌痕梨形，外套痕明显，外套窦不深，近呈三角形。

生态习性：生活在潮间带乱石块下面的泥沙内。

地理分布：黄海、渤海沿岸较常见种。

经济价值：肉可食，肉及贝壳为中药，功效同文蛤。

菲律宾蛤仔 *Ruditapes philippinarum*（Adams *et* Reeve）

俗　　名：蛤仔、花蚬子、砂蚬子、蛤蜊、花蛤

英 文 名：Manila clam

日 文 名：アサリ

分类地位：帘蛤目、帘蛤科、蛤仔属

形态特征：贝壳呈卵圆形。壳质坚厚，膨胀，两壳大小相等，两侧不等。壳顶稍突出，稍向前方弯曲。贝壳前端边缘椭圆形，后端边缘略呈截形。贝壳表面灰黄色或深褐色，有的具带状花纹或褐色斑点，花纹长，不规则。壳面有细密的放射肋，顶端极细弱，至腹面逐渐加粗，与同心生长纹交错形成布纹状。壳内面灰黄色，略带紫色。铰合部细长，每壳有主齿3枚，左壳前2枚与右壳后2枚顶端分叉。

生态习性：生活在靠近河口沿岸的潮间带沙泥滩。大多栖息在潮流畅通，风浪较小，有淡水注入的沙泥底内湾滩涂的中低潮区，广温、广盐。以发达的斧足挖掘沙泥营穴居生活，穴居深度一般在3～15cm。

地理分布：我国各海区均产，主要产区有辽宁、河北、山东、江苏沿海。

经济价值：味道鲜美，产品大量出口日本等国家。目前已发展为人工养殖品种。

大竹蛏 *Solen grandis* Dunker

俗　　名：马刀、竹蛏

英 文 名：Razor clam

日 文 名：オオマテガイ

分类地位：帘蛤目、竹蛏科、竹蛏属

形态特征：贝壳相当长，两壳抱合呈竹筒状，壳质薄脆，前后开口。壳顶位于最前端，壳的背腹缘平行。贝壳表面凸出。并被有一层发亮的黄褐色外皮。表面平滑无放射肋，生长线明显。有时有淡红色的彩色带。贝壳内面白色或可见到淡黄色的彩带。两壳各具主齿1枚。足部肌肉特别发达，前端尖，左右扁，水管短而粗。

生态习性：埋栖于潮间带中下区和浅海的泥沙滩上，栖息深度30～40cm。

地理分布：我国各海区均有分布。朝鲜西海岸、日本等也有分布。

经济价值：个体肥大，足部肌肉特别发达，味极鲜美，入药有滋补、通乳功效，是我国重要的经济贝类。

长竹蛏 *Solen gouldi* Conrad

俗　　名：竹蛏

日 文 名：マテガイ

分类地位：帘蛤目、竹蛏科、竹蛏属

形态特征：贝壳细长，两壳合抱呈竹筒状，前后两端开口。壳质薄脆，两壳相等。贝壳前缘为截形、略倾斜，后缘近圆形；壳顶不明显，位于壳的最前端。壳表光滑，被黄褐色壳皮，有时有淡红色彩带。生长线明显，沿后缘及腹缘方向排列。壳内面白色或淡黄褪色；铰合部小，两壳各具主齿1枚。前闭壳肌痕极细长，后闭壳肌痕近拉长的三角形，外套痕明显，前端向背缘凹入，外套窦半圆形。

生态习性：生活于潮间带中区至潮下带浅海的沙质海底，潜入底内的深度为20～40cm，栖息的密度很大。繁殖期在春、夏之间。

地理分布：我国渤海、黄海、东海、南海区均有分布。朝鲜、日本北海道南部至九州也有分布。

经济价值：肉味鲜美，产量大，分布广，在食用贝类中占有相当重要的地位。

缢蛏 *Sinonovacula constricta*（Lamarck）

俗　　名：蛏、蜻、跣、蛏子、青子

英 文 名：Razor clam

日 文 名：アゲマキガイ

分类地位：帘蛤目、竹蛏科、缢蛏属

形态特征：贝壳脆而薄，呈长圆柱形，高度约为长度的1/3，宽度约为长度的1/5～1/4。贝壳的背腹缘近于平行。壳顶位于背面靠前方的1/4处，壳顶后缘有棕黑色纺锤状的韧带，韧带短而凸出。自壳顶至腹面具有显著的生长纹。自壳顶起斜向腹缘，中央部有一道凹沟，故名缢蛏。壳面被有一层黄绿色的壳皮，顶部壳皮常脱落而呈白色。贝壳内面呈白色。足伸展在壳的前端，被具触手的外套膜包围。水管2个，靠近背侧为出水管，又是泄殖出口；靠近腹侧为进水管，是海水进入体内的通道。

生态习性：生活于潮间带中下区或有少许淡水注入的软泥或泥沙底质的滩涂上，营穴居生活。用足在滩涂上掘一个管状孔穴，栖息于洞穴中，一般洞穴深度为体长的5～8倍。一般情况下不离开自己的洞穴，但在不适宜的条件下也会离穴。

地理分布：分布于西太平洋沿海的中国（渤海、黄海、东海、南海）和日本。

经济价值：蛏肉可食，味道鲜美；亦可加工制成蛏干。蛏干是干海味品中的重要品种。贝壳可烧石灰。缢蛏是出口日本的重要品种之一。

砂海螂 *Mya arenaria* Linnaeus

分类地位：海螂目、海螂科、海螂属

形态特征：贝壳大型，横卵圆形，壳质紧厚。壳顶较低平，位于贝壳背面中央稍靠前端，顶尖紧接。贝壳前端圆，后端稍尖，无小月面。壳面无放射肋，生长线粗糙，因而壳面凹凸不平，并被有褐色的壳皮，极易脱落，露出白色或灰色的壳面。两壳不能完全闭合，贝壳前后端开口。壳内面白色，略具光泽。铰合部右壳有一三角形的韧带槽；左壳有一强大的着带板。外套痕明显，外套窦深而宽，末端圆，伸至贝壳长度的3/5处。前闭壳肌痕狭长，后闭壳肌痕圆形。

生态习性：栖息于潮间带至水深10m的浅水区。

地理分布：分布于我国黄海、渤海、俄罗斯远东海、白令海、北美沿岸、日本及朝鲜沿海，是北半球太平洋和大西洋水域的寒温带种。

经济价值：味道鲜美的经济贝类，它的经济价值较高，是美国、加拿大等国家重要食用蛤类之一。

辽宁省水生经济动植物图鉴

甲壳类

中国明对虾 *Fenneropenaeus chinensis* （Osbeck）

俗　　名： 中国对虾、明虾、东方对虾、大虾、肉虾、青虾（雌）、黄虾（雄）

英 文 名： Prawn

日 文 名： コウライエビ

分类地位： 十足目、对虾科、明对虾属

形态特征： 个体较大，体形侧扁。雌体长 18~24cm，雄体长 13~17cm。甲壳薄，光滑透明，雌体青蓝色，雄体呈棕黄色。通常雌虾个体大于雄虾。对虾全身由20节组成，头部5节、胸部8节、腹部7节。除尾节外，各节均有附肢一对。有5对步足，前3对呈钳状，后2对呈爪状。头胸甲前缘中央突出形成额角。额角上下缘均有锯齿。

生态习性： 属广温、广盐性、一年生暖水性大型洄游虾类。平时在海底爬行，有时也在水中游泳。渤海湾对虾每年秋末冬初，便开始越冬洄游；翌年春北上，形成产卵洄游。4月下旬开始产卵，雌虾产卵后大部分死亡。卵经过数次变态成为仔虾，仔虾经数十次蜕皮后，变成幼虾。9月开始向渤海中部及黄海北部洄游，形成秋收渔汛。

地理分布： 主要分布在我国黄海、渤海区。朝鲜西部沿海也有分布。

经济价值： 我国重要的捕捞品种之一，也是重要的出口水产品。肉质鲜嫩味美，营养丰富。除鲜食外，加工干制成虾干、虾米等为上乘的海味品。目前在我国沿海北自辽宁，南至海南均开展了人工养殖生产，年产量大大超过自然海域的捕捞量。

鹰爪虾 *Trachypenaeus curvirostris*（Stimpson）

俗　　名：沙虾、鸡爪虾、厚壳虾、硬枪虾

英 文 名：White-hair rough shimp

日 文 名：サルエビ

分类地位：十足目、对虾科、鹰爪虾属

形态特征：体表面粗糙，布满细毛。额角外形及长度随性别及体长而变化，上缘具6～10枚额上齿。幼虾及雄虾的额角较短和平直，雌虾则较长而且末端上扬。厚和硬的头胸甲上具有2枚额后齿，并有短的纵缝及横缝。头胸甲上有眼刺、触角刺及肝刺，但较浅的肝沟不太明显。第二腹甲至第六腹甲背缘有中央纵脊。尾柄有一深而阔的中央沟，侧缘具3对可动刺。体色呈浅粉红色至红褐色，腹部具明显的蓝灰色横带。胸足呈白色。腹足及尾柄部分呈红色，有时带有黄斑。

生态习性：喜欢栖息在近海泥沙海底，昼伏夜出。有长距离洄游的习性。

地理分布：我国沿海均有分布。东海及黄海、渤海产量较多。

经济价值：肉率高，肉味鲜美。其体长一般为6～10cm，是一种中型经济虾类。产区以鲜销为主，运销内地则多数加工成冻虾仁，除鲜食还可加工成海米。

斑节对虾 *Penaeus monodon* Fabricius

俗　　名：鬼虾、草虾、花虾、竹节虾、斑节虾、牛形对虾，联合国粮农组织通称大虎虾

英 文 名：Giant tiger prawn

日 文 名：ウシエビ

分类地位：十足目、对虾科、对虾属

形态特征：甲壳光滑无毛，体上有十几条棕色和蓝色相间的横带。附肢呈黄色，尾肢后部色泽鲜艳，呈鲜蓝色和黄色，边缘呈红色。额角上缘有8～10齿，下缘具1～2齿。额角侧沟很深，延伸至头胸甲的后缘。额角的后脊有明显的中央沟。肝脊和额胃脊明显。

生态习性：栖息于沙泥或泥沙底质，一般白天潜底不动，傍晚食欲最强，开始频繁的觅食活动。广盐性，其对盐度的适应范围为5～25。能耐高温和低氧，适温范围为14～34℃，对低温的适应力较弱。杂食性强。自然海区中捕获的斑节对虾最大体长可达33cm，体重达500～600g，是对虾属中最大型种。

地理分布：分布区域甚广，我国沿海、日本南部、韩国、菲律宾、印尼、澳大利亚、泰国、印度至非洲东部沿岸均有分布。

经济价值：我国重要的对虾养殖品种之一。该虾个体大、甲壳较厚，离水后干露于空气的耐力很强，可以销售活虾，利润较高。营养价值与其他主要虾类相近。

日本对虾 *Penaeus japonicus* Bate

俗　　名：车虾、斑节虾、竹节虾

英 文 名：Japanese prawn

日 文 名：クルマエビ

分类地位：十足目、对虾科、囊对虾属

形态特征：甲壳光滑无毛，体上有十几条棕色和蓝色相间的横带。附肢呈黄色，尾肢后部色泽鲜艳，呈鲜蓝色和黄色，边缘呈红色。额角上缘有 8～10 齿，下缘具 1～2 齿。额角侧沟很深，延伸至头胸甲的后缘。额角的后脊有明显的中央沟。肝脊和额胃脊明显。

生态习性：自然栖息于水深 10～40m 的海域，喜欢栖息于沙泥底，具有较强的潜沙特性，白天潜伏在深度 3cm 左右的沙底内少活动，夜间频繁活动并进行索饵。觅食时常缓游于水的下层，有时也游向中上层。其适温范围为 17～25℃。最适盐度范围为 15～34。主要摄食小型底栖无脊椎动物，兼食底层浮游生物。产卵盛期为每年 12 月至翌年 3 月。

地理分布：分布极广，我国沿海、日本北海道以南、东南亚、澳大利亚北部、非洲东部及红海等均有分布。

经济价值：我国重要的对虾养殖品种之一。该虾甲壳较厚，耐干露，适于活体运销，利润较高。营养价值与其他主要虾类相近。

171

脊尾白虾 *Exopalaemon carinicauda*（Holthuis）

俗　　名：白虾、五须虾、青虾、绒虾、迎春虾

英 文 名：Ridgepail prawn

分类地位：十足目、长臂虾科、白虾属

形态特征：体色透明，微带蓝色或红色小斑点，腹部各节后缘颜色较深。额角侧扁、细长，呈S形，基部隆起呈鸡冠状，约占额角长的1/3，上下缘均具锯齿，上缘具6～9齿，下缘具3～6齿。尾节末端尖细，呈刺状，尾节后部有活动刺2对，尖端两侧具两对小刺。第一、第二步足末端钳状，其他三对末端爪状。第二步足最强大，掌部甚宽，其钳部长超出第一触角柄末端。

生态习性：近岸广盐广温广布种，一般生活在近岸盐度不超过29的海域或近岸河口及半咸淡水域中，经过驯化也能生活在淡水中。脊尾白虾对环境的适应性强，水温在2～35℃范围内均能成活，在冬天低温时，有钻洞冬眠的习性。食性杂而广，繁殖能力很强，同一亲体同一繁殖期内，可以进行2～3次繁殖产卵，一般2次以上繁殖后自然死亡。

地理分布：我国沿海均有分布，尤以黄海和渤海产量较多。

经济价值：我国近海重要经济虾类，其产量仅次于中国明对虾和中国毛虾。其肉质细嫩，味道鲜美。除供鲜食外，还可加工成海米，其卵可制成虾籽，也是上乘的海味干品。

葛氏长臂虾 *Palaemon gravieri* (Yu)

俗　　名：红虾、花虾、红丝头虾、带籽虾

英 文 名：Chinese ditch prawn

日 文 名：ナイカイスジエビ

分类地位：十足目、长臂虾科、长臂虾属

形态特征：体形较短，体长4~6cm。身体透明，微带淡黄色，具棕红色斑纹。额角强大，长度等于或长于头胸甲，额角长，上缘基部平直，末端甚细，稍向上翘。头胸甲具较大触角刺。步足细长，第一和第二步足甚长，末端钳状。雄性内肢内缘具雄性附肢。

生态习性：生活于水深7~80m以内的浅海区。广温广盐性。生长周期有季节性，繁殖季节在4—8月。

地理分布：分布于我国黄海、渤海、东海和台湾海峡。朝鲜南部水域及日本也有分布。

经济价值：我国近海重要经济虾类，除供鲜食外，还可加工成海米。

173

中国毛虾 *Acetes chinensis* Hansen

俗　　名：毛虾、小白虾、水虾、小白虾、苗虾

英 文 名：Northern maoxia shrimp

分类地位：十足目、樱虾科、毛虾属

形态特征：体形小，侧扁，体长26～44cm。甲壳甚薄，体色透明。额角短小，侧面略呈三角形，下缘斜而微曲，上缘具2齿。眼圆形，眼柄细长。第一触角鞭雌雄异形，雄性下鞭形成抱器；第二触角鞭特长，呈红色，约为体长的3倍多。尾节甚短，侧缘及末缘成羽状毛。仅有3对步足并呈微小钳状，末2对步足完全退化。尾肢内侧有2～5个红点。

生态习性：属于浮游动物类群，多在湾澳或河口附近的中下层海水中栖息，游泳能力较弱。适温范围为11～25℃，适盐范围为30～32。具有昼夜垂直与季节水平移动的特性。一年内能繁殖两代，其寿命一般不超过一年。

地理分布：我国特有种类，我国沿海均有分布，尤以渤海沿岸产量最多。

经济价值：因体小壳薄肉嫩，适于加工成虾皮或虾酱。市场上的虾皮即为毛虾加工而成。

日本沼虾 *Macrobrachium nipponensis*（de Haan）

俗　　名：青虾、河虾

英 文 名：Oriental river prawn

日 文 名：カワエビ

分类地位：甲壳纲、长臂虾科、沼虾属

形态特征：体形粗短，分头胸部和腹部两部分。头胸部较粗大，往后逐渐变细，特别是后腹部显得更为狭小。具前足5对，前2对钳形，后3对爪形，头部有5对附肢。腹部由7节组成，有附肢6对。体外覆盖几丁质甲壳。头胸部的甲壳是一个不分节的整体，称头胸甲，其前端中央向前突出有一尖锐额角，其额角较平直，上缘具12～15个锯齿，下缘仅2～4个锯齿。额角基部的两侧有带柄的复眼1对。体呈青蓝色，并有棕、黄、绿色斑纹。

生态习性：喜栖息于水草丛生、水流平缓的近岸水域。广温性动物，适温较广，14℃以上开始摄食，18℃以上正常摄食，生长的最适水温为25～30℃。杂食性，以水生植物、昆虫、有机碎屑为食。在人工养殖条件下可食配合饲料。

地理分布：广泛分布于我国江河、湖泊中。我省大型水库、河流、沟渠等都有分布。

经济价值：淡水主要经济虾类。营养丰富，肉嫩味美，是一种深受人们喜爱的名贵水产品。我国南方已进行稻田、池塘养殖和鱼虾混养。

秀丽白虾 *Exopalaemon modestus*（Heller）

俗　　名：虾米

英 文 名：Siberian prawn

分类地位：甲壳纲、长臂虾科、白虾属

形态特征：额剑较短，长度小于头胸甲；上缘基部的鸡冠状隆起约与末端尖细部分长度相等，尖细部分稍向上扬；上缘隆起部分具8～11齿，下缘中部具2～4齿，上下末端均无附加齿。腹部各节背面圆滑无脊。虾体通常为30～50mm。

生态习性：生活于淡水敞水水域。白天常潜伏水底，夜间上浮于水表层，多以植物碎屑、浮游动植物、水生昆虫为食。生命周期约为1年。

地理分布：我省大型水库、河流、沟渠等都有分布。

经济价值：小型虾类，对环境适应能力强。营养丰富，肉嫩味美，是一种深受人们喜爱的水产品。

中华绒螯蟹 *Eriocheir sinensis* H.Milne Edwards

俗　　名：河蟹、毛蟹、螃蟹

英 文 名：Chinese mitten crab

日 文 名：チュウゴクモクズガニ

分类地位：甲壳纲、十足目、方蟹科、绒螯蟹属

形态特征：河蟹的背面一般呈墨绿色，腹面灰白色。头部和胸部愈合在一起，合称为头胸部，是身体的主要部分。背部覆盖着一层坚硬的背甲（也叫头胸甲）。腹部7节，弯向前方，贴在头胸部腹面。腹部的形状雌雄不同，雌性脐呈圆形，雄性为狭长三角形。胸足包括1对螯足和4对步足。螯足强大，钳状，掌部密生绒毛，雄性尤甚。

生态习性：喜在水质清新、水草丰盛的淡水湖泊、江河中栖息，喜隐居和穴居在石砾、水草丛中。杂食性，偏食动物性。一般2年达到性成熟，每年秋天开始生殖洄游，在咸淡水处交配产卵、孵化发育，淡水中生长育肥。

地理分布：在我国分布很广，北自辽宁，南至福建沿海诸省通海河流中均有分布。

经济价值：我省稻田养殖的主要品种之一，已形成规模化。其肉味鲜美，营养价值高，是一种风味独特、珍贵水产品，同时也是出口创汇的水产品之一。

大寄居蟹 *Pagurus ochotensis*（Brandt）

俗　　名：虾怪、白住房、干住屋

英文名：Alaskan hermit

日文名：オホーックホンヤドカリ

分类地位：十足目、寄居蟹科、寄居蟹属

形态特征：头胸甲长50mm，宽52mm。颚沟前部宽大于长。额角短，较侧突稍突出。眼柄短而粗，中部较细。第二触角棘大，超过眼柄1倍。右螯足巨大，长160mm左右。左螯足细小。第一、第二步足右方的超过右螯足，各节上缘具尖端粒。指节长于腕节，弯而钝，沿内缘有小沟，角质爪略钝。

生态习性：一般在深海，寄居在香螺壳内。在它寄居的螺壳顶部，常有一种多毛类环虫与它共栖生活。

地理分布：分布于我国黄海、东海北部。日本北部海区也有分布。

经济价值：大寄居蟹可以食用，特别是大螯的肉味很鲜美。也可加工成大寄居蟹酱，很鲜。寄居蟹还可做中药。

口虾蛄 *Oratosquilla oratoria* de Haan

俗　　名：皮皮虾、虾耙子、虾公驼子

英 文 名：Edible mantis shrimp

日 文 名：シャコ

分类地位：口足目、虾蛄科、口虾蛄属

形态特征：头部与腹部的前4节愈合，背面头胸甲与胸节明显。腹部7节，分界亦明显，而较头胸两部大而宽，头部前端有大型具柄的复眼1对，触角两对。第一对内肢顶端分为3个鞭状肢，第二对的外肢为鳞片状。胸部有5对附肢，其末端为锐钩状，以捕挟食物。胸部6节，前5节的附属肢具鳃，第六对腹肢发达，与尾节组成尾扇。虾蛄雌雄异体，雄者胸部末节生有交接器。

生态习性：沿海近岸性种类，喜栖于浅水泥沙或礁石裂缝内。繁殖期为每年4—5月。

地理分布：渤海湾特有种类，产量较多。

经济价值：味道鲜美，为沿海群众喜爱的水产品。现在也成为沿海城市宾馆饭店餐桌上受欢迎的佳肴。

三疣梭子蟹 *Portunus trituberculatus*（Miers）

俗　名：梭子蟹、飞蟹、枪蟹、海螃蟹、海蟹、海虫、水蟹、门蟹

英 文 名：Swimming crab

日 文 名：ガザミ

分类地位：十足目、梭子蟹科、梭子蟹属

形态特征：头胸甲呈梭形，稍隆起。表面有3个显著的疣状隆起，1个在胃区，2个在心区。其体形似椭圆，两端尖如织布梭。两前侧缘各具9个锯齿，第九锯齿特别长大，向左右伸延。额缘具4枚小齿。额部两侧有1对能转动的带柄复眼。有胸足5对。螯足发达，长节呈棱柱形，内缘具钝齿。第四对步足指节扁平，宽薄如桨，适于游泳。腹部扁平（俗称蟹脐），雄蟹腹部呈三角形，雌蟹呈圆形。雄蟹背面茶绿色，雌蟹紫色，腹面均为灰白色。

生态习性：善于游泳，也会掘泥沙，常潜伏海底或河口附近。昼伏夜出，多在夜间觅食，夜间有明显的趋光性。繁殖季节常到近岸3～5m的浅海产卵，4月中下旬为产卵盛期。秋末冬初则逐渐移居到10～30m的泥沙海底越冬。在繁殖洄游或索饵洄游季节，常集群活动。

地理分布：分布于我国南北各海域。日本、朝鲜、马来西亚群岛等水域也有分布。

经济价值：蟹肉色洁白，肉多，脂膏肥满，肉质细嫩，味道鲜美。除鲜食外，还可晒成蟹米，研磨蟹酱，腌制全蟹（卤螃蟹），制成罐头等。蟹壳可做甲壳素原料。三疣梭子蟹是我国重要的出口畅销品之一。

日本蟳 *Charybdis japonica*（A.Milne-Edwards）

俗　　名：赤甲红、海蟳、石蟹、花盖儿

英 文 名：Japenese stone crab

日 文 名：イシガニ

分类地位：十足目、梭子蟹科、蟳属

形态特征：头胸甲呈扇形，头胸甲长与宽比约为2:3。表面隆起，具软毛，胃区和鳃区具颗粒隆线。额缘具6齿，以中央2齿为大，眼眶内侧齿大。前侧缘具6齿，后侧缘微内凹，后缘平直。雄蟹腹部呈三角形，雌蟹呈圆形。螯足强大，长节前缘具3个锐齿，表面具纵沟。步足各节背腹缘均具毛，最后1对为游泳足。甲壳背面呈青、蓝、棕等色，腹面呈棕黄色，螯足末端为红色。

生态习性：生活于潮间带至水深10～15m有水草、泥沙的水底或潜伏于石块下，属沿岸定居性种类。

地理分布：广泛分布于我国沿海。日本、朝鲜、东南亚等沿海岛礁区及浅海水域也有分布。

经济价值：肉质细嫩，味道鲜美，营养丰富，是人们喜爱的食用蟹，也是出口水产品之一。

头足类

日本枪乌贼 *Loligo japonica* Hoyle

俗　　名：墨鱼仔、子乌、笔管、笔管蛸

英 文 名：Common japanese squid

日 文 名：ジンドウイカ

分类地位：枪形目、枪乌贼科、枪乌贼属

形态特征：胴部细长，圆锥形，后部削直。肉鳍较大，端鳍型，位于胴后，两鳍相连接呈纵菱形。胴长最大可达15cm，长度为宽度的4倍，体表具大小相间的近圆形色素斑，浓密明显，胴背尤为发达。肉鳍长度稍大于胸部的1/2，略呈三角形。腕吸盘2行，其角质环外缘具方形小齿。触腕超过胴长。内壳角质，披针叶形，薄而透明。

生态习性：为近海种，游泳力较弱，春季产卵期由深海向沿海洄游。产卵适温为13～16℃，1年性成熟，产卵后，亲体相继死去，新生的世代于秋末冬初间，集群游向深水区越冬，翌年春季重返亲体产卵场繁殖下一代。趋光性强。

地理分布：在我国黄海、渤海沿海分布较广，主要分布区在黄海。朝鲜、日本群岛海域也有分布。

经济价值：肉质鲜嫩，鲜食、干制均佳，也是对外出口的水产品之一。

太平洋褶柔鱼 *Todarodes pacificus* Steenstrup

俗　　名：火箭鱼、黑皮鱿鱼、太平洋斯氏柔鱼、柔鱼、鱿鱼、日本鱿

英 文 名：Japanese flying squid

日 文 名：スルメイカ

分类地位：枪形目、柔鱼科、褶柔鱼属

形态特征：胴部呈长圆锥形，后部尖削，胴长约为胴宽的5倍。体表具大小相间的近圆形色素斑，胴背中央有一条明显的黑色宽带，一直延伸到肉鳍后端，头部背面左右两侧和无柄腕中央色泽也近于褐黑。鳍长约为胴长的1/3，左右两鳍相连略横菱形。具腕10只，各腕长度差别不大，一般为3>2>4>1。第三对腕侧扁，外侧中部边膜向外凸出，近三角形。腕吸盘2行，吸盘角质环部分具尖齿，各齿大小相近。内壳角质，狭条形，中轴细，边肋粗，末端具一个中空的狭菱形"尾椎"。

生态习性：多活动于中上层水域，昼夜垂直移动幅度较大，白天多栖息在沙石、地貌呈波浪状的海底，夜间活动在上层。鱿鱼食性凶猛，主要捕食小型头足类、小鱼、小虾等。

地理分布：暖温带种。主要分布在我国的黄海、东海海域，以及日本海、日本太平洋沿岸。

经济价值：世界上的主要头足类资源之一。产量高，营养丰富，鲜、干品均为佳品。

金乌贼 *Sepia esculenta* Hoyle

俗　　名：乌鱼、墨鱼、乌子、针墨鱼

英 文 名：Golden cuttlefish

日 文 名：コウイカ

分类地位：乌贼目、乌贼科、乌贼属

形态特征：胴部卵圆形，一般胴长20cm，长度为宽度的2倍。背腹略扁平，肉鳍较窄，位于胴部左右两侧全缘，末端分离。头部前端、口的周围生有5对腕，其中4对较短，每个腕上长有4个吸盘；1对触腕稍超过胴长，其吸盘仅在顶端，小而密。眼发达。石灰质内骨骼发达，长椭圆形，长度约为宽度的2.5倍，后端骨针粗壮。体内有墨囊，内贮有黑色液体。体黄褐色，胴背棕紫细斑和白斑相间，雄性个体胴背有较粗的横条斑，体表在日光下具金黄色。

生态习性：喜欢生活在中下层水域，以小型虾类为主要食物，也摄食小型鱼类。繁殖期为5—6月，孵化期约1个月左右。同类相残习性明显。有施放墨汁抵御敌害保护自己的习性。喜欢集群活动。

地理分布：我国沿海均有分布，以黄海、渤海产量较多。日本、朝鲜西海岸、南海岸也有分布。近海洄游种类。

经济价值：黄海中的重要捕捞对象之一。其肉质鲜美，营养丰富，而且还具有重要的药用价值。除鲜食外，还可加工制成罐头食品或干制品，干制品称"墨鱼干"或"北鲞"，是海味市场上的重要品种，也是重要的出口品种。

曼氏无针乌贼 *Sepiella maindroni* de Rochebrune

俗　　名：花粒子、麻乌贼、血墨

英 文 名：Common chinese cuttlefish

日 文 名：シリヤケイカ

分类地位：乌贼目、乌贼科、无针乌贼属

形态特征：个体较金乌贼小，一般胴体长15cm，胴部椭圆形，略瘦，长度为宽度的2倍。眼部后面有一脉孔，常流出近红色的腥臭腺体。肉鳍前段狭窄，向后部渐宽，位于胸部两侧全缘，末端分离。腕5对，其中4对长度相近，第四对腕较其他腕长。各腕吸盘大小相近，其角质环外缘具尖锥形小齿。触腕一般超过胴长，穗狭小。眼背明显白花斑。石灰质内骨骼长椭圆形，长度约为宽度的3倍，后端无骨针。

生态习性：适盐性较高，大量集群于外海或岛屿周围，少量进入盐度较高的海湾。白天多栖居于中下层，夜间多活跃于中上层。在黄海，繁殖期略晚于金乌贼。以甲壳类、毛颚类和一些经济鱼类的幼鱼为食。

地理分布：分布很广的浅海种类，最大的群体集中于东海，在黄海和南海也有集群。北至日本海，南至马来群岛海域，西至印度东海岸均有分布。

经济价值：黄海中的重要捕捞对象之一。其肉质鲜美，营养丰富，而且还具有重要的药用价值。除鲜食外，还可加工制成罐头食品或干制品，干制品称"墨鱼干"或"北鲞"，是海味市场上的重要品种，也是重要的出口品种。

短蛸 *Octopus ocellatus* Gray

俗　　名：章鱼、八带、短脚蛸、母猪章、坐蛸、石柜、八带虫

英 文 名：Shortarm octopus

日 文 名：イイダコ

分类地位：八腕目、蛸科（章鱼科）、蛸属

形态特征：短蛸是一种小型章鱼，一般体长15～27cm。胴部卵圆形，背面粒状突起密集。背部两眼间具一浅色纺锤形或半月形的斑块，两眼前方由第二对至第四对腕的区域内各具一椭圆形的金色圈。头足部具肉腕4对，各腕较短，腕长为胴长的4～5倍，其长度大体相等，腕吸盘2行。体黄褐色，背部较浓，腹部较淡。无肉鳍，壳退化。

生态习性：浅海性底栖种类，喜欢生活在沙质海底。早春从较深的越冬区向沿岸和内湾作短距离的生殖洄游。繁殖季节从3月下旬至5月初。

地理分布：我国南北沿海均有分布，日本群岛海域、朝鲜西海岸也有分布。

经济价值：黄海、渤海常见种，量较大，为捕捞对象。肉味鲜美，可鲜食，也可晒成章鱼干。也是出口品种。

长蛸 *Octopus variabilis*（Sasaki）

俗　　名：章鱼、八带、短脚蛸、母猪章、长章、坐蛸、石柜、八带虫

英 文 名：Whiparm octopus

日 文 名：テナガダコ

分类地位：八腕目、蛸科（章鱼科）、蛸属

形态特征：胴部短小，亚圆或卵圆形。头足部具有肉腕4对，一般腕的长度相当于胴部的2～5倍。无肉鳍，壳退化。全长50～70cm，表面光滑。眼部呈长椭圆形，眼小。长腕型，腕上有吸盘2行，各腕长短悬殊，其中第一对腕最粗最长，是第四对腕长度的2倍。体粉红色。

生态习性：主要营底栖生活，为沿岸底栖种类。春季多在低潮线以上活动，夏、秋两季多在潮间带中区，冬季则在潮下带深潜，具有短距离的生殖和越冬洄游习性。其多利用腕足在海底爬行，也能凭借漏斗喷水的反作用短暂游行于底层海水中。其生活场所多为泥底，少数为沙泥底或礁石底。长蛸可用其腕足挖洞栖居，尤其在其繁殖季节。以蟹类、贝类为食，也摄取多毛类为食。夜间摄食活动频繁。

地理分布：我国南北沿海均有分布。在黄海、渤海产量较大。

经济价值：肉味鲜美，可鲜食，也可晒成章鱼干，并为经济鱼类的重要钓饵。其内骨骼（中药名海螵蛸）和墨囊具有较高的药用价值，有止血、抗癌等功效，因而长蛸具有较高的经济价值。目前我国产长蛸除少量内销外，大多出口韩国，供不应求。

辽宁省水生经济动植物图鉴

棘皮类

刺参 *Apostichopus japonicus*（Selenka）

俗　　名：辽参、灰刺参、仿刺参、灰参、海鼠

英 文 名：Sea cucumber

日 文 名：マナマコ

分类地位：楯手目、刺参科、仿刺参属

形态特征：体呈圆筒状，背面有4～6行大小不等、排列不规则的圆锥形疣足（肉刺）。管足密集，排列成3条纵带。口偏于腹面，具触手20个。肛门偏于背面。呼吸树发达。一般背面黄褐色或栗子褐色，腹面为浅黄褐色或赤褐色；此外，还有绿色、赤褐色、紫褐色、灰白色和纯白色。

生态习性：多生活在波流静稳、无淡水注入、海藻繁茂的岩礁和大叶藻丛生的细泥沙底。产卵季节在5月底至7月初，随地区水温变化而略有变化。夏季水温高时行夏眠。环境不适时有排脏现象。再生力很强，损伤或被切割后都能再生。

地理分布：我国的黄海海域、渤海海域等均有分布。俄罗斯的库页岛、符拉迪沃斯托克，日本北海道、横滨和九州，朝鲜半岛沿岸均有分布。

经济价值：我国食用海参中质量最好的一种。为海味"八珍"之一。因其药性温补，足敌人参，故名海参。近10年来，刺参养殖业发展迅猛，由原来仅在大连沿海养殖，现已扩展到从鸭绿江口到葫芦岛的整个辽宁沿海。

光棘球海胆 *Strongylocentrotus nudus*（A.Agassiz）

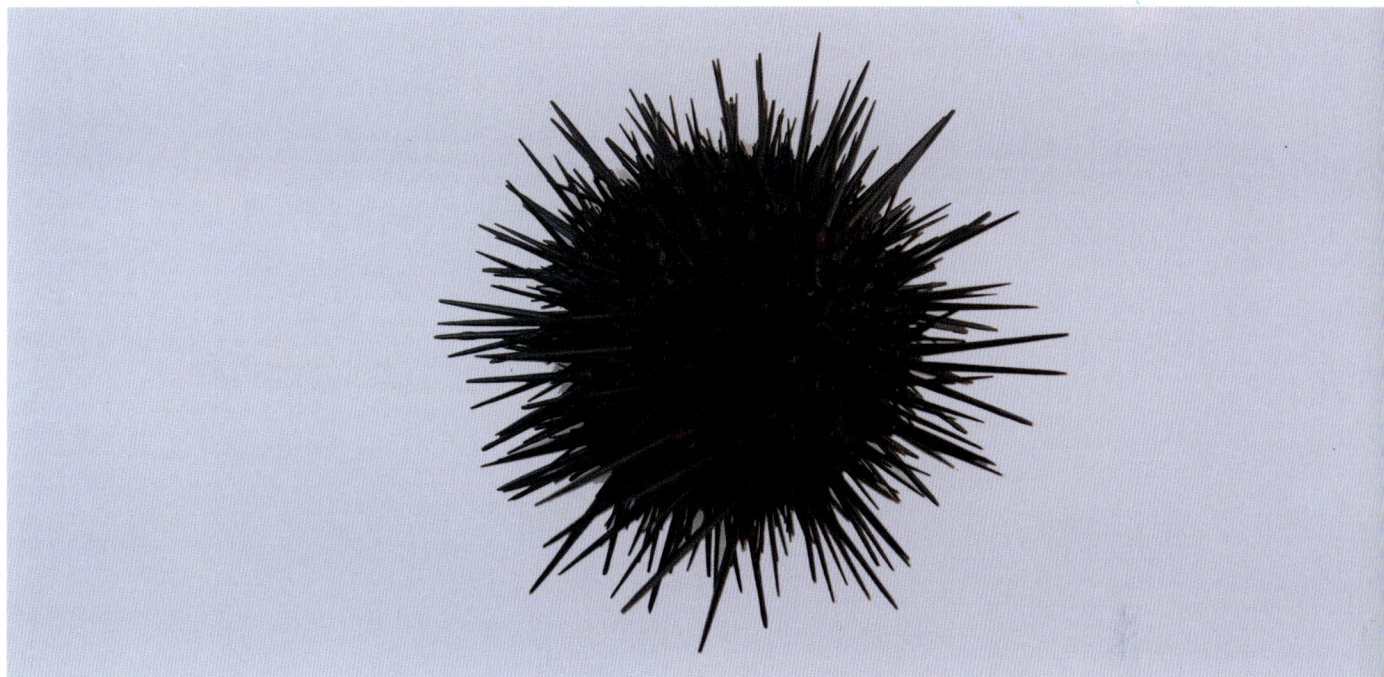

俗　　名：大连紫海胆、北方紫海胆、黑刺锅子

英 文 名：Sea urchin

日 文 名：キタムラサキウニ

分类地位：正形目、球海胆科、球海胆属

形态特征：光棘球海胆外壳呈半球形，壳高略大于壳径的1/2，最大壳径可达100mm，口面平坦，围口部稍向内凹；反口面比较隆起，顶部呈圆弧形。成体体表面以及大棘的色泽均呈黑紫色，管足的色泽为紫色或紫褐色。大棘针形，较粗壮，表面带有极细密的纵刻痕，最大长度可达30mm以上。体型属大中型，成熟季节生殖腺色泽淡黄色至橙黄色。

生态习性：栖息在水深20m左右、海藻繁茂的浅海岩礁底和石缝中，依靠棘刺行走，行动缓慢，白天一般藏在石缝中，夜晚出来觅食，主要以各种海藻和浮游生物为食。喜欢高盐水域生长，却不适应在低盐度的海域生长；喜欢温冷岩石海域，生长速度与生长海域的水温密切相关。

地理分布：我国主要分布于辽东半岛、山东半岛的黄海一侧海域以及渤海海峡的部分岛礁周围。

经济价值：我国可食用海胆中营养和药用价值最高的品种之一，光棘球海胆黄不仅味美，而且营养丰富。海胆黄加工成海胆酱，出口日本，获得了很好的经济效益。

中间球海胆 *Strongylocentyotus intermedius* （A.Agassiz）

俗　　名：虾夷马粪海胆、刺锅子、海刺猬

英 文 名：Purple sea urchin

日 文 名：エゾバフンウニ

分类地位：正形目、球海胆科、球海胆属

形态特征：壳为低半球形，壳高略小于壳径的1/2，体型中等，成体的最大壳径可达9cm。口面平坦且稍向内侧，反口面隆起稍低，顶部丝糕平坦。步带区与间步带区幅宽不等。壳形自口面观接近于圆形的圆滑正五边形。体表的色泽变异较大，有绿褐、黄褐等色。大棘短而尖锐，长度为5～8mm。

生态习性：生长在潮间带或浅海的常见棘皮动物，它多栖息于水深5～20m的岩石下礁缝中，幼海胆生长在水深2～3m处，长大后逐渐向深水处移居。主要以大型海藻为食。一年中繁殖两季，春季5—6月，秋季9—11月，适宜繁殖水温10～20℃。

地理分布：原产于日本北海道及以北沿海，在俄罗斯萨哈林岛等地也有分布。

经济价值：可鲜食，也可加工成海胆酱等食物。味道鲜美，营养丰富，生殖腺含有较高的氨基酸、多糖及高度不饱和脂肪酸，有较高的食用和药用价值。1989年引种至我国，现为我国北方沿海特别是辽东和山东半岛主要养殖品种之一。

海刺猬 *Glyptocidaris crenularis*（A.Agassiz）

俗　　名：黄刺锅子、白刺锅子、黄海胆

英 文 名：Seaurchin

日 文 名：ツガルウニ

分类地位：脊齿目、疣海胆科

形态特征：壳为低半球形，壳高略小于壳径的1/2，最大壳径为8cm。口面平坦，反口面隆起，顶系突起较高，顶部膨起成低圆丘形。步带区与间步带区幅宽差异较大，步带区宽幅仅为间步带区的1/2，两个带区的膨起程度不同。壳形自口面观接近于圆形的正五边形。体表以及大棘的色泽均为淡褐色至灰褐色，口面的棘基部赤褐色，尖端赤褐色。大棘长，较粗壮，尖端钝扁成凿刀状，棘表面光滑且有光泽，长度约为壳径的1/2。

生态习性：栖息于水深10～150m的岩石下礁缝中，主要以大型海藻为食。繁殖季节为春季。

地理分布：自然分布水域仅见于我国的黄海北部及日本海的部分海域。

经济价值：营养极其丰富的海珍品之一，含有大量的蛋氨酸和不饱和脂肪酸。用其性腺为原料加工而成的鲜海胆黄、海胆酱不仅味道非常鲜美，还可美容，深受国内外客户的欢迎。其壳可入中药，具有极高的经济价值。

腔肠类

海蜇 *Rhopilema esculentum* Kishinouye

俗　　名：海蛇

英 文 名：Jellyfish

日 文 名：ビゼンクラゲ

分类地位：根口水母目、根口水母科、海蜇属

形态特征：母体呈蘑菇状，分为伞体和口腕两部，伞体部高，超过半球形，中胶层厚，伞顶表面光滑。伞缘具8个感觉器，每个感觉器的凹陷明显地将伞缘平分成为8个区，每个区的伞缘有14～20个舌状缘瓣，缘瓣上具刺胞团。伞体中央向下伸出圆柱形口柄，其基部从辐位生出8对侧扁的肩板，端部为8条三翼形口腕。肩板和口腕上有许多小吸口，吸口周围长有许多丝状和棒状附属器，其表层满布刺细胞团。雌雄异体。

生态习性：螅状体营附着生活，一般附着于贝壳、岩石等基质上，主要分布在河口区。海蜇横裂生殖产生的碟状体，漂浮在近岸水深5～15m的海区。

地理分布：我国主要分布于黄海、渤海和东海。日本、朝鲜半岛沿岸和俄罗斯远东海域也有分布。

经济价值：营养极为丰富，富含蛋白质、钙、碘以及多种维生素。海蜇还是一味治病良药，有清热解毒、化痰软坚、降压消肿之功。用盐、矾加工后的产品，称伞部为海蜇皮，称腕部为海蜇头，其商品价值很高。近年来，养殖海蜇正在成为继养虾后的又一滩涂养殖产业。

沙海蜇 *Nemopilema nomurai* Kishinouye

俗　　名：沙蜇

英 文 名：Jellyfish

日 文 名：エチゼンクラゲ

分类地位：根口水母目、口冠水母科、口冠水母属

形态特征：母体呈蘑菇状，分为伞体和口腕两部。成体伞径25～60cm。外伞表面有许多小颗粒状突起。伞缘具8个感觉器，每个感觉器的凹陷明显地将伞缘平分成8个区，每个区的伞缘有12～14个舌状缘瓣，缘瓣上具刺胞团。伞体中央向下伸出圆柱形口柄，其基部从辐位生出8对侧扁的肩板，端部为8条二翼形口腕。肩板和口腕上有许多小吸口，吸口周围长有许多丝状和棒状附属器，其表层满布刺细胞团。雌雄异体。

生态习性：螅状体营附着生活，一般附着于贝壳、岩石等基质上，主要分布在河口区。沙海蜇横裂生殖产生的碟状体，漂浮在近岸水深5～15m的海区。

地理分布：主要分布于我国黄海至浙江舟山沿海。

经济价值：品质及价值低于海蜇，可鲜食，通常用盐、矾加工。加工后的产品，称伞部者为海蜇皮，称腕部者为海蜇头，为人们喜爱的水产食品。

大型海藻类

海带 *Laminaria japonica* Aresch

俗　　名：昆布、江白菜

英 文 名：Kelp

日 文 名：マコンブ

分类地位：海带目、海带科、海带属

形态特征：藻体褐色，长带状，革质，一般长2～6m，宽20～30cm。藻体明显地分为固着器、柄部和叶片。固着器假根状，柄部粗短圆柱形，柄上部为宽大长带状的叶片。在叶片的中央有两条平行的浅沟，中间为中带部，厚2～5mm，中带部两缘较薄且具波状褶皱。

生态习性：野生海带一般生长在低潮线下2～3m深岩石上。海带生活史是世代交替型，孢子体生长的时间接近2年，而配子体的生长时间一般只有两个星期。

地理分布：原产日本，1927年引入我国大连。除能在辽宁、山东自然生长外，人工养殖的海带已推广至江苏、浙江、福建及广东省北部沿海。

经济价值：一种营养价值很高的食用藻类，含碘量很高。除食用外，海带还可以制海带酱油、海带酱、味粉、海带脆片等。工业上用海带提取钾盐、褐藻胶、甘露醇，还可作医疗用品。海带为出口品种，主要出口日本。

裙带菜 *Undaria pinnatifida*（Harv.）Suringar

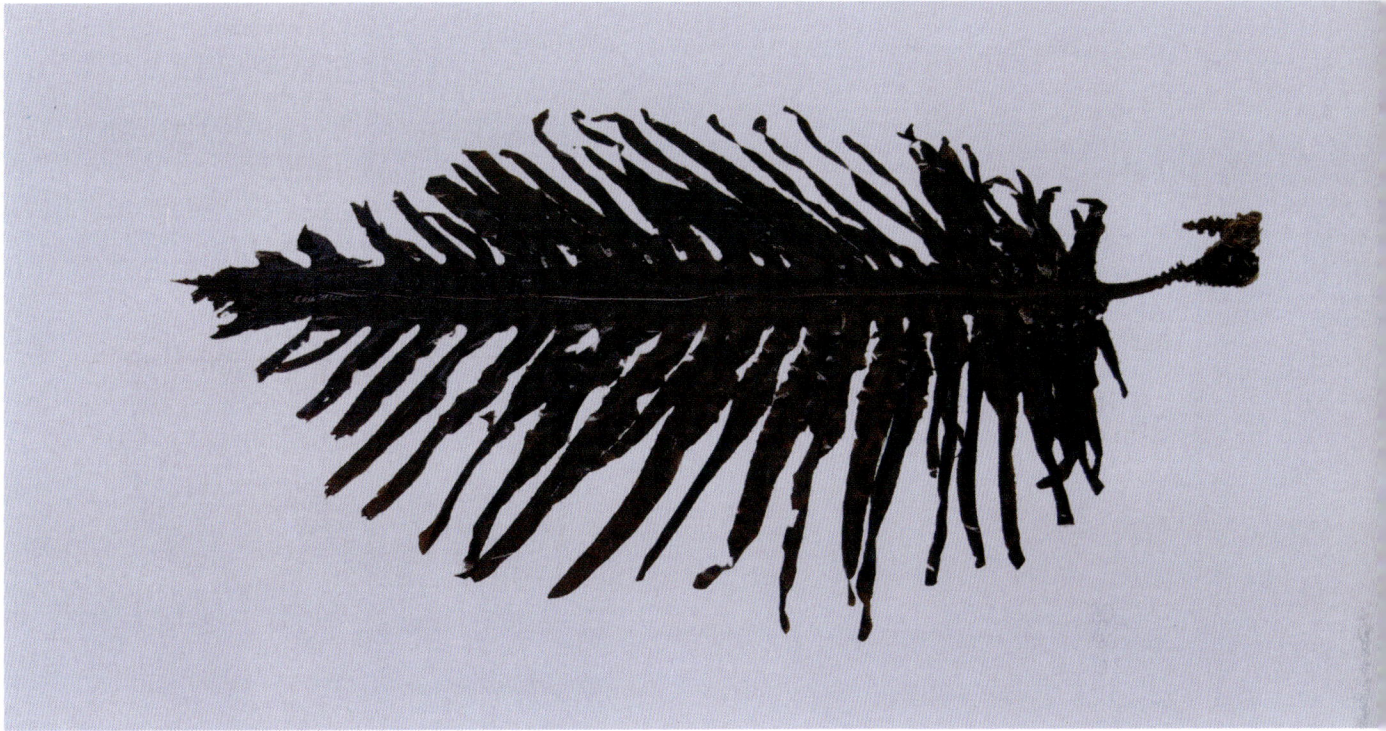

俗　　名：海芥菜、裙带

日 文 名：ワカメ

分类地位：海带目、翅藻科、裙带菜属

形态特征：裙带菜的孢子体黄褐色，外形似破的芭蕉叶扇，长 1～2m，宽 50～100cm，明显地分化为固着器、柄及叶片三部分。固着器为叉状分枝的假根组成，假根的末端略粗大，以固着在岩礁上，柄稍长，扁圆形，中间略隆起，叶片的中部有柄部伸长而来的中肋，两侧形成羽状裂片。叶面上有许多黑色小斑点，为黏液腺细胞向表层处的开口。在成长的孢子体柄部两侧，形成木耳状重叠褶皱的孢子叶，成熟时，在孢子叶上形成孢子囊。

生态习性：适宜生长在风浪不大，矿质养料较多的低潮线下 1～4m 深的岩石上。裙带菜的生活史也是世代交替的，孢子体生长的时间接近一年，配子体的生长时间约 1 个月。

地理分布：我国自然生长的裙带菜主要分布在大连和青岛地区、浙江省的舟山群岛及嵊泗岛。

经济价值：一种优良的食用海藻，我国人工养殖量很大，是重要的出口水产品之一。另外，裙带菜也是很好的工业原料和药物原料。

鼠尾藻 *Sargassum thunbergii* （Mert.） O'Kuntze

日 文 名：ウミトラノオ

分类地位：墨角藻目、马尾藻科、马尾藻属

形态特征：藻体黑褐色，形似鼠尾，长3～50cm，有的可达120cm。固着器为扁平的圆盘状，边缘常有裂缝，上生一条主干。主干短粗，上长数条主枝。主枝圆柱形，数条纵走浅沟。轮生短小分枝，叶丝状，短小，全缘或有粗锯齿。气囊小，纺锤形，顶尖有细柄。生殖托圆柱形，长5～15mm，顶端钝，单条或数个集生在叶腋间，雌雄异株。

生态习性：集生于中潮带和低潮带岩石，或高中潮带的水陆或石沼中，有的甚至在低潮时较长时间暴露于日光下。生长盛期3—7月。

地理分布：广泛分布于我国沿海。

经济价值：大型经济海藻，是海藻工业重要原料之一，可提取褐藻胶、甘露醇、碘、褐藻淀粉等，还有药用价值，也可食用及做饲料和肥料。

条斑紫菜 *Porphyra yezoensis* Ueda

俗　　名：紫塔膜菜

英 文 名：Porphyra

日 文 名：スサビノリ

分类地位：毛菜目、红毛菜科、紫菜属

形态特征：叶状体紫红色或青紫色，片状，膜质，卵形或长卵形。一般长12～30cm，宽2～6cm，宽者可达12cm以上，人工养殖最长可达1m以上。基部心脏形或圆形，边缘有褶皱，平滑无锯齿。固着器盘状。雌雄同株。精子囊群混生在紫色的果孢子囊区里，呈花白色条斑状。

生态习性：生长在中潮带岩石上。生长盛期2—3月。

地理分布：系冷温带性海藻，是北太平洋西部特有种。我国黄海、渤海均有分布。

经济价值：可供食用。

角叉菜 *Chondrus ocellatus* Holm

俗　　名：鹿角菜

英 文 名：Carageen

日 文 名：ツノマタ

分类地位：杉藻目、杉藻科、角叉菜属

形态特征：藻体紫红色，顶端常变绿色，厚革质或软骨质，甚强韧，丛生，体长4~12cm。固着器壳状。基部亚圆柱形，向上不远即扁压成细长的楔形。体上部分叉次数较多，最多可达5~7次。整体形态近似扁平，腋角宽圆，顶端舌状、钝形，二裂或顶端浅凹，边缘全缘，略厚，有时有副枝，单条分叉2~3次。

生态习性：生长于高潮带到低潮带岩石上或风浪较平静的中潮带石沼中。

地理分布：自然分布于大西洋沿岸和我国东南沿海以及青岛、大连等海域。

经济价值：可作制胶原料和食用。角叉菜胶，又称鹿角菜胶，市场上又俗称卡拉胶。

孔石莼 *Ulva pertusa* Kjellman

俗　　名：海波莱、海条、猪母菜

日 文 名：アナアオサ

分类地位：石莼目、石莼科、石莼属

形态特征：藻体浓绿色，单独或 2~3 株丛生，体长 10~40cm，固着器盘状。无柄或不明显，体形变异很大，有卵形、椭圆形、披针形和圆形等，但多不规则。边缘略有褶皱或稍呈波状。叶片上常有大小不等的圆形或不规则的孔，此孔随着藻体成长，几个小孔可裂为大孔，使藻体最后形成几个不规则的裂片。

生态习性：本种系北太平洋西部特有的温带性海藻，生长在中潮带至低潮带附近的岩石上或石沼中，北方生长繁茂，整年有生长，南方较少，繁殖期主要在冬、春季。

地理分布：我国沿岸均有分布。

经济价值：可食用及制药。

肠浒苔 *Enteromorpha intestinalis*（L.）Link

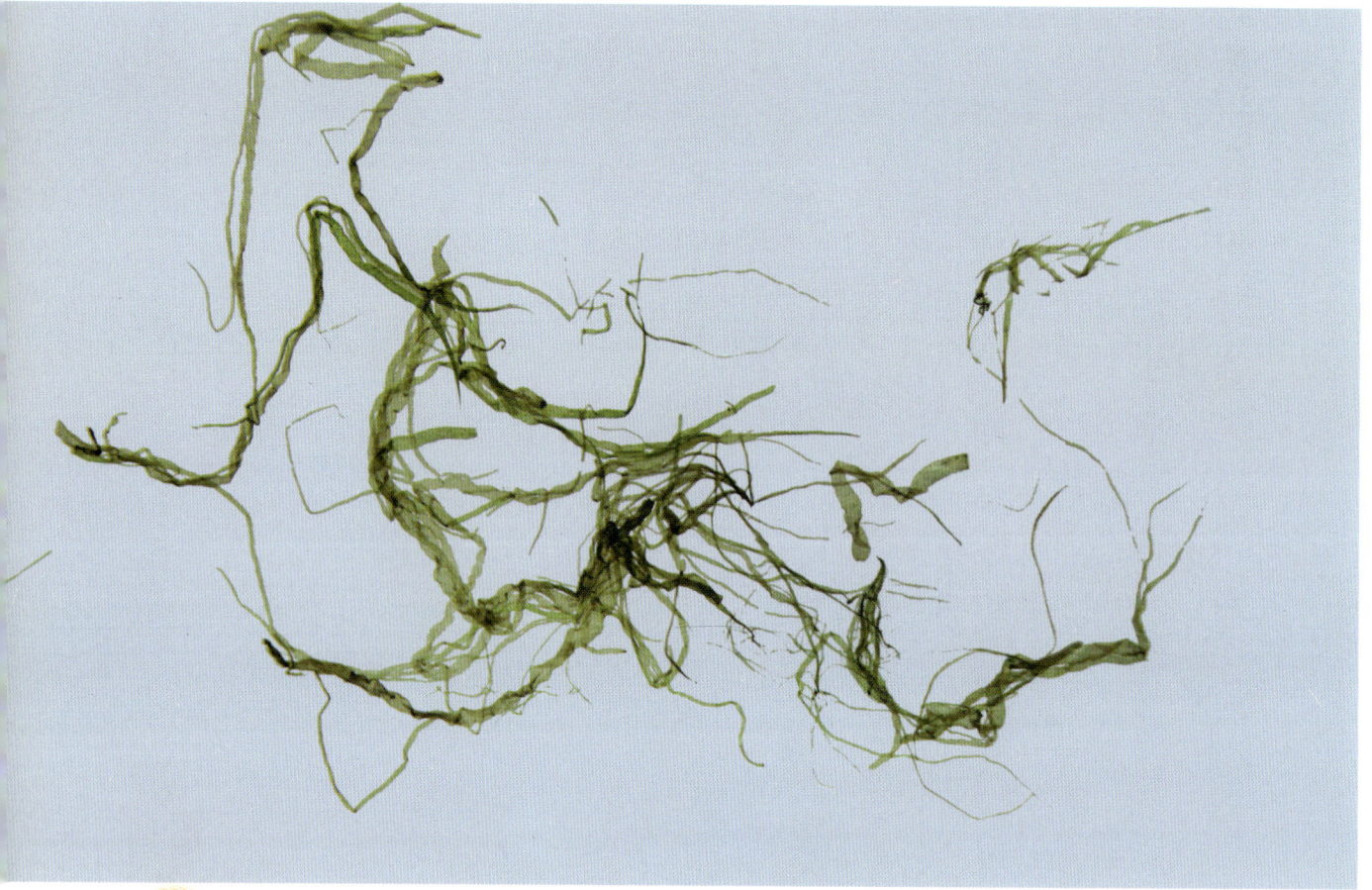

俗　　名：海青菜、筒菜、小海菜、绿苔

日 文 名：アオノリ

分类地位：石莼目、石莼科、浒苔属

形态特征：藻体深绿色或黄绿色，单生或丛生，长 10~20cm，一般为单条，或基部少有分枝，藻体上部膨大呈肠形，体表平滑或扭曲褶皱，直径 1~5cm，柄部细圆柱形，固着器盘状。

生态习性：冷温带性海藻，生长在潮间带的岩石上或内湾滩涂的石砾上，北方生长繁茂，生长期亦长，全年有繁生。

地理分布：我国沿海均有分布。

经济价值：可作食用，也可作饲料或肥料。

萱藻 *Scytosiphon lomentarius*（Lyngb.）J.Ag.

俗　　名：海麻线、海嘎、捞子筋、黄海菜、海菜管、海通草

日 文 名：カヤモノリ

英 文 名：Algae

分类地位：萱藻目、萱藻科、萱藻属。

形态特征：藻体褐色至深褐色，长20～50cm，直径2～5mm，单条，丛生、直立、管状，幼时中实，但不久即变为中空，形成圆柱形，有时扁压或扭曲。随着藻体的长大，一般出现缢缩现象，即形成节部，但有的平滑无节。

生态习性：为一年生海藻，多生长于中潮带岩石上或石沼中，但也有生在高潮带的石沼中和低潮带岩礁上。体形随着潮带和水质的不同而有所变异，一般在高潮带的比较细小，常无节，而生长在中潮带以下的则较粗大，且多缢缩成节。黄海、渤海的萱藻生长期为1—7月，有的为8月，成熟期4—8月间。

地理分布：我国沿海均有分布。

经济价值：可食用，或作饲料和药用。

蛏虫类

单环棘螠 *Urechis unicinctus*（Von Drasche）

俗　　名：海肠、海肠子

英 文 名：Urechis unicinctus

日 文 名：ユムシ

分类地位：无管螠目、螠科、棘螠属

形态特征：体长圆筒形，体长 10～25cm，体呈灰红色或棕褐色。体壁稍厚，体表被覆扁平乳状突起，前后端均较明显。体前端的吻短，呈圆锥形，与躯干部无明显分界线，其底部具口。在吻的后方腹面具 1 对腹刚毛，肛门位于体末端，在肛门前方具 1 圈尾刚毛，数目为 9～13 个，刚毛为黑褐色，具金属光泽。

生态习性：生活于 0～30m 的浅海底的 1m 左右海沙中，生活习性为白天休息，夜晚摄食，主要饵料是单胞藻及大叶草等藻类。

地理分布：产于渤海海域，主产渤海莱州湾。

经济价值：味道极鲜、营养丰富，属高蛋白、低脂肪的上乘滋补品。

212

多毛类

双齿围沙蚕 *Perinereis aibuhitensis* Grube

俗　　名：海虫、海蛆、海蜈蚣

英 文 名：Sand-worm

日 文 名：アオゴカイ

分类地位：多毛目、沙蚕科、围沙蚕属

形态特征：体长圆柱形，长达15cm。两侧对称、后端尖，具许多（80～200多个）体节。可分为头部、躯干部和尾部。头部发达，由口前叶和围口节组成。具2对简单的圆形眼，1对触须及8只触手。躯干部有许多结构相似的体节，每个体节两侧具疣足。尾部为虫体最后1节或数节，呈褐色，其余的部分呈红褐色。肛门开口于肛节末端背面。

生态习性：栖息于潮间带的泥沙底质，摄食沉积的有机质。

地理分布：在潮间带极为习见，亦见于深海。

经济价值：是鱼、虾、蟹类和其他海洋肉食动物的饵料，是海洋生物资源的重要组成部分。它是我国出口量最多的沙蚕品种之一。主销日本、韩国、西欧、香港、台湾等国家和地区。

214

两栖类

中国林蛙 *Rana chensinensis* Devid

俗　　名：哈什蚂、黄蛤蟆、油蛤蟆、田鸡

英 文 名：Chinese forest frog

日 文 名：エゾアカガエル

分类地位：两栖纲、无尾目、蛙科、蛙属

形态特征：体较细长。头扁平，头宽略大于头长；吻端圆而略尖，吻棱明显；鼻孔位于吻眼之间；鼓膜显著，约为眼径之半；犁骨齿列小，椭圆形。胫跗关节前达眼前方或吻鼻部，左右跟部重叠较多，趾蹼缺刻深；第五趾内侧蹼之凹陷位第五趾中部。皮肤较平滑；背侧褶在颞褶部形成曲折状，先与颞褶相连，向后延伸至胯部。生活时多数背面浅灰褐色或土黄色，一般疣上散有深色斑点，鼓膜处均有三角形黑色斑。体长变异颇大，东北地区最大者可达90mm。

生态习性：两栖类动物。蝌蚪生活于静水水域中，成蛙栖息于山溪附近或高原草地的沼泽或阴湿的山坡树丛，幼、成蛙以昆虫及其幼虫等动物为食。

地理分布：主要分布于东北各省及南方一些省。辽宁分布于东部山区。

经济价值：传统的药用动物。味道鲜美，营养丰富，有较高的食用和药用价值，哈什蚂油是传统药用滋补品。辽宁东部山区如抚顺、本溪、丹东主要以人工放流增殖为主，是当地农民致富的主要途径之一。

216

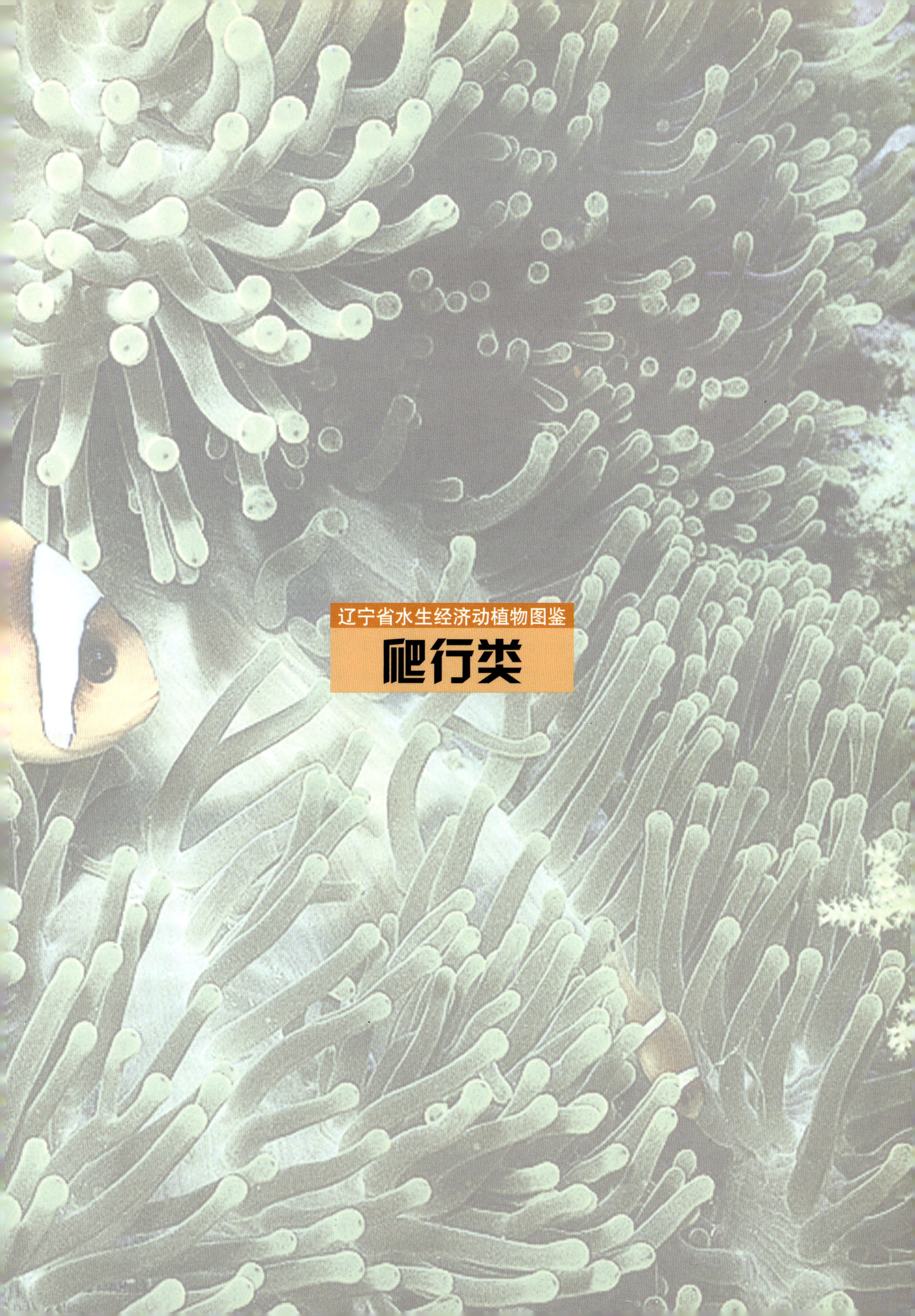

辽宁省水生经济动植物图鉴

爬行类

中华鳖 *Pelodiscus sinensis*（Wiegmann）

俗　　名：鳖、甲鱼、元鱼、王八、团鱼、脚鱼、水鱼

英 文 名：Chinese softshell turtle

日 文 名：スッポン

分类地位：爬行纲、龟鳖目、鳖科、鳖属

形态特征：体躯平扁，呈椭圆形，背腹具甲，头部略呈三角形。吻长，吻端形成肉质吻突，约与眼径相等。眼小，位于鼻孔的后方两侧。口无齿，脖颈细长，呈圆筒状，伸缩自如，视觉敏锐。颈长，基部无明显瘰粒；尾短小。背甲暗绿色或黄褐色，周边为肥厚的结缔组织，俗称"裙边"。腹甲灰白色或黄白色，平坦光滑，有7个胼胝体，分别在上腹板、内腹板、舌腹板与下腹板联体及剑板上。四肢扁平，后肢比前肢发达。前后肢各有5趾，趾间有蹼。内侧3趾有锋利的爪。四肢均可缩入甲壳内。

生态习性：生活于江河、湖沼、池塘、水库等水流平缓、鱼虾繁生的淡水水域。适温20～33℃，10℃以下冬眠。杂食性，以螺、虾、昆虫、鱼、蛙及水草等为食。4～5龄性成熟，卵生。

地理分布：除西南、西北个别省区外，广泛分布于全国各地。

经济价值：珍贵、经济价值很高的水生动物，肉味鲜美，营养丰富，有滋补药用功效。是辽宁重点保护水生动物。